Sujatha Canavoy Narahari

Transmissão Segura de Texto através de Imagens com Algoritmos de Encriptação

Sujatha Canavoy Narahari

Transmissão Segura de Texto através de Imagens com Algoritmos de Encriptação

Esteganografia de imagens

ScienciaScripts

Imprint

Cover image: www.ingimage.com

This book is a translation from the original published under ISBN 978-620-2-07198-7.

Publisher:
Sciencia Scripts
is a trademark of
Dodo Books Indian Ocean Ltd. and OmniScriptum S.R.L publishing group

120 High Road, East Finchley, London, N2 9ED, United Kingdom
Str. Armeneasca 28/1, office 1, Chisinau MD-2012, Republic of Moldova, Europe
Printed at: see last page
ISBN: 978-620-8-28377-3

RECONHECIMENTO

O autor está profundamente grato a muitas pessoas pelo seu apoio de várias formas para o sucesso deste trabalho de investigação.

A autora deseja expressar a sua sincera gratidão e agradecimento ao Dr. P. Narasimha Reddy, Diretor do Instituto Sreenidhi de Ciência e Tecnologia, por ter proporcionado a oportunidade de realizar este projeto de investigação.

O autor está muito grato ao Dr. K. Sumanth, Diretor do Sreenidhi Institute of Science and Technology, pelo seu apoio constante durante todo o projeto.

O autor gostaria de expressar a sua gratidão e os seus cumprimentos ao Dr. S.P.V. Subba Rao, Diretor do Departamento de Engenharia Eletrónica e de Comunicações do Instituto de Ciência e Tecnologia de Sreenidhi, pela sua preocupação e sugestões valiosas durante o trabalho do meu projeto.

O autor agradece também aos professores e funcionários do departamento de ECE do Instituto de Ciência e Tecnologia de Sreenidhi pela sua ajuda e encorajamento durante este trabalho de investigação.

A autora deseja estender os seus sinceros e sentidos agradecimentos aos seus pais e amigos pelo seu amor e apoio moral durante todo o trabalho do projeto.

RESUMO

A esteganografia é a prática de esconder mensagens ou informações dentro de outros dados ou textos não secretos ou de uma imagem. Podem ser utilizados muitos formatos diferentes de ficheiros portadores, mas as imagens digitais são as mais populares devido à sua frequência na Internet. A esteganografia é uma forma mais segura de proteger uma mensagem do que a criptografia, que apenas oculta o conteúdo da mensagem e não a sua existência. A esteganografia é uma ferramenta útil que permite a transmissão secreta de informações através do canal de comunicação. A combinação de uma mensagem secreta com a imagem portadora dá origem à imagem oculta. A imagem oculta é difícil de detetar sem ser recuperada. Na esteganografia baseada na imagem, utilizam-se os três bits menos significativos e a técnica de codificação pseudo-aleatória nas imagens para aumentar a segurança da comunicação. Na abordagem dos três bits menos significativos, a ideia básica é substituir os três bits menos significativos da imagem de cobertura pelos bits das mensagens a ocultar sem destruir significativamente as propriedades da imagem de cobertura. A técnica baseada nos três bits menos significativos é a mais difícil, uma vez que é difícil diferenciar entre o objeto de cobertura e o objeto de stego se forem substituídos alguns dos três bits menos significativos do objeto de cobertura. Na técnica Pseudo-aleatória, é utilizada uma chave aleatória como semente para o gerador de números pseudo-aleatórios necessário para o processo de incorporação. Ambas as técnicas utilizam uma chave stego para incorporar mensagens na imagem de cobertura. Ao utilizar a chave, a probabilidade de ser atacado pelo atacante é reduzida. Assim, os dados ou a mensagem secreta podem ser enviados para aplicações militares.

ÍNDICE

CAPÍTULO 1

INTRODUÇÃO

1.1 Introdução ao projeto

A comunicação, que se tornou parte integrante do nosso mundo agitado, tem por objetivo fornecer um meio de transmitir e receber informações entre duas partes, que podem ser empresas diferentes ou indivíduos, etc. Sendo este um meio de comunicação, é necessário que seja fiável. Para tornar o meio de comunicação fiável, os diferentes utilizadores tomam uma série de medidas de diferentes formas. Uma vez que o meio de comunicação deve ser seguro, para que os dados sensíveis a enviar a outrem estejam a salvo de manipulações e de acesso ilegal, se o canal for imune a esses ataques, pode dizer-se que é fiável.

Hoje em dia é prioritário ter uma comunicação segura, como medida para o aumento do crime cibernético nos dias de hoje. A comunicação segura é uma forma de comunicação em que os dados sensíveis são escondidos do acesso não autorizado. Para tal, a comunicação é efectuada de forma a não ser suscetível de ser escutada ou interceptada. É efectuada com um grau de certeza variável, de modo a que terceiros não possam intercetar o que é dito. O tipo de comunicação que prevalece atualmente devido à digitalização das cidades e vilas é a comunicação à distância, que é uma tecnologia mediada. Quando se trata de longa distância, é necessário lidar com questões de interceção, questões técnicas (questões de interceção e codificação), limite de volume do meio escolhido. Esta é uma preocupação importante, uma vez que é necessário um meio fiável para uma comunicação segura que, por sua vez, é um compromisso entre a segurança e o volume de informação a enviar. Este projeto centra-se na segurança dos dados e, além disso, oculta o simples facto de a mensagem estar a ser enviada. Atualmente, há muitos problemas de interceção em que apenas a segurança dos dados não é suficiente, pois se houver um cenário em que os dados são ocultados, esse meio é suscetível de ser atacado por atacantes que tentam desencriptar a mensagem ou os meios. Assim, o facto de os dados sensíveis que estão a ser enviados deverem ser mantidos ocultos ou escondidos dos atacantes tornou-se uma necessidade primordial. A parte da segurança dos dados é assegurada por técnicas de criptografia. A criptografia é utilizada na segurança da informação para proteger a informação contra a divulgação não autorizada ou acidental enquanto está em trânsito ou armazenada. A palavra criptografia significa "escrita oculta". É uma forma inovadora de tornar os dados sensíveis obscuros e ininteligíveis para todos, exceto para a pessoa que os deve receber.

Um segredo é algo que é mantido longe do conhecimento de qualquer pessoa, exceto dos iniciados ou privilegiados. Os dados viajam frequentemente de uma pessoa para outra, deixando a segurança do seu ambiente físico protegido. Uma vez que os dados estejam fora de controlo, os atacantes podem modificá-los ou falsificá-los, quer por diversão quer para seu próprio benefício. A criptografia pode reformatar e transformar os nossos dados, tornando-os mais seguros na sua viagem. A tecnologia baseia-se nos elementos essenciais dos códigos secretos, aumentados por uma matemática moderna que protege os dados de forma poderosa. A arte ou ciência que engloba os princípios e métodos de transformação de uma mensagem inteligível numa mensagem ininteligível e, em seguida, a retransformação dessa mensagem de volta à sua forma original chama-se Criptografia. O estudo dos princípios e métodos de transformação de uma mensagem ininteligível numa mensagem inteligível sem conhecimento da chave é designado por criptanálise. Também se designa por decifração de código.

Os sistemas criptográficos tendem a envolver um algoritmo e um valor secreto. O valor secreto é conhecido como a chave. A razão para ter uma chave para além de um algoritmo é que é difícil continuar a conceber novos algoritmos que permitam a codificação reversível da informação e é difícil explicar rapidamente um algoritmo recentemente concebido à pessoa com quem se gostaria de começar a comunicar em segurança. Porque a pessoa que está do outro lado pode não ser capaz de receber e compreender o processo fastidioso do novo algoritmo e pode acabar por fazer algo diferente do que tem de ser feito e acabar com outros dados, o que, mais uma vez, é algo indesejável. Com um bom esquema criptográfico, é perfeitamente aceitável que todos, incluindo os maus da fita (e os criptanalistas), conheçam o algoritmo, porque o conhecimento do algoritmo sem a chave não ajuda a extrair a informação. Neste caso, a chave desempenha um papel crucial e é obrigatório que seja mantida confidencial. O conceito de chave é análogo ao de combinação de uma fechadura de combinação. Embora o conceito de uma fechadura de combinação seja bem conhecido (marcam-se os números secretos na sequência correta e a fechadura abre-se), não é possível abrir facilmente uma fechadura de combinação sem saber a combinação. Mesmo que seja possível tentar, demora muito tempo a descobrir e as hipóteses de encontrar a chave correta são menores. A chave tem o seu papel tanto na transmissão como na receção. Na transmissão, é utilizada para encriptar os dados sensíveis num formato ininteligível, enquanto na receção é utilizada para desencriptar os dados encriptados ou codificados numa forma original, ou seja, num formato legível. Só pode ser efectuada pelas pessoas que têm o privilégio de possuir a chave.

A base concetual da criptografia foi introduzida há cerca de 3000 anos na Índia e na China. Desde os primórdios da escrita, os chefes de Estado e os comandantes militares compreenderam que era essencial criar um mecanismo para proteger os acordos e planos escritos, para garantir a confidencialidade da correspondência escrita e para dispor de meios de deteção de adulterações. A antiga cifra do historiador grego Políbio utilizava uma tabela para associar uma letra a um par de números. Famosa é a Cifra de César, baseada no "deslocamento nas três posições", ou seja, matematicamente (considerando o alfabeto inglês de 26 letras): $y = (x + 3) \mod 26$. Atribui-se a Júlio César a invenção da cifra de César ca. 50 a.C., que foi criada para impedir que as mensagens secretas fossem lidas e para evitar que caíssem em mãos erradas. A Segunda Guerra Mundial trouxe mais avanços na segurança da informação e deu início ao campo profissional da segurança da informação. Os primeiros anos do século XXI assistiram a rápidos avanços nas telecomunicações e na encriptação de dados. A máquina Enigma era uma unidade de campo utilizada na Segunda Guerra Mundial para encriptar e desencriptar mensagens e comunicações. A máquina Enigma foi o primeiro método concebido de encriptação de texto através de uma cifra iterativa. Esta máquina foi utilizada pela maioria dos militantes alemães para comunicações sem fios seguras até ao final da Segunda Guerra Mundial. Depois disso, foram desenvolvidas muitas máquinas de enigma, cada uma com maior complexidade e mais difícil de descodificar do que as suas antecessoras. A mais complexa de todas as máquinas de enigma foi a da Marinha alemã, que pretendia que fosse mais difícil de descodificar e cada vez mais complexa.

A classificação dos serviços de segurança é a seguinte:

Confidencialidade: Garante que as informações contidas num sistema informático e as informações transmitidas só podem ser lidas por pessoas autorizadas. Garante igualmente a segurança dos dados não só em trânsito, mas também dos dados armazenados.

Ex: Impressão, exibição e outras formas de divulgação.

Autenticação: Garante que a origem de uma mensagem ou documento eletrónico é corretamente identificada, com a garantia de que a identidade não é falsa. Pode ser utilizada para serviços de autenticação através de assinaturas digitais, certificados digitais ou uma infraestrutura de chave pública.

Integridade: Garante que apenas as partes autorizadas podem modificar os activos do sistema informático e as informações transmitidas, utilizando algoritmos de hashing e resumos de mensagens. A modificação inclui a escrita, a alteração do estado, a eliminação, a criação e o atraso ou a repetição das mensagens transmitidas.

Não repúdio: Requer que nem o emissor nem o recetor de uma mensagem possam negar a transmissão.

Controlo do acesso: Requer que o acesso aos recursos de informação possa ser controlado pelo sistema de destino.

Disponibilidade: Exige que os activos do sistema informático estejam disponíveis para as partes autorizadas quando necessário.

Um dos mecanismos de segurança mais específicos utilizados são as técnicas criptográficas. A encriptação ou transformações da informação semelhantes à encriptação são os meios mais comuns para garantir a segurança. Alguns dos mecanismos são a cifragem, a assinatura digital e o controlo de acesso. O principal objetivo destes métodos é proteger os dados e salvaguardá-los dos atacantes.

Enquanto a transmissão está a decorrer, podem ocorrer ataques para recuperar, manipular ou destruir a informação. Há quatro categorias gerais de ataques que são enumeradas a seguir:

Interrupção: Um ativo do sistema é destruído ou torna-se indisponível ou inutilizável. Trata-se de um ataque à disponibilidade da informação. Neste caso, o atacante tende a tornar os dados indisponíveis ou inúteis, interrompendo assim a comunicação e a transmissão.

Ex: a destruição de uma peça de hardware, o corte de uma linha de comunicação ou a desativação de um sistema de gestão de ficheiros

Interceção: Uma parte não autorizada obtém acesso a um ativo. Trata-se de um ataque à confidencialidade. A parte não autorizada pode ser uma pessoa, um programa ou um computador. Neste caso, existe o risco de um terceiro conhecer os pormenores confidenciais, ter acesso aos ficheiros e transferir todos os dados sensíveis, podendo utilizá-los contra a outra parte ou roubar-lhe as ideias.

Ex: escutas telefónicas para captar dados na rede, cópia ilícita de ficheiros.

Modificação: Uma parte não autorizada não só obtém acesso a um ativo como o modifica. Trata-se de um ataque à integridade. Neste caso, a informação sensível está a ser modificada e é enviada outra informação que é favorável a terceiros.

Ex: alteração de valores no ficheiro de dados, alteração de um programa, alteração do conteúdo de mensagens transmitidas através de uma rede.

Fabrico: Uma parte não autorizada insere objectos falsificados no sistema. Trata-se de um ataque à autenticidade. Neste caso, são colocados alguns objectos na informação.

Ex: inserção de uma mensagem espúria numa rede ou adição de registos a um ficheiro.

Ataques passivos: Os ataques passivos têm a natureza de escutas ou monitorização de transmissões. O objetivo do adversário é obter a informação que está a ser transmitida. Assim, aqui a informação é monitorizada. Os ataques passivos são de dois tipos: **A divulgação do conteúdo das mensagens:** Uma conversa telefónica, uma mensagem de correio eletrónico e um ficheiro transferido podem conter informações sensíveis ou confidenciais. É necessário impedir que o adversário conheça o conteúdo destas transmissões.

Análise de tráfego: Se tivéssemos uma proteção de encriptação, um adversário poderia ainda assim ser capaz de observar o padrão da mensagem. O adversário poderia determinar a localização e a identidade dos anfitriões de comunicação e observar a frequência e a duração das mensagens trocadas. Esta informação pode ser útil para adivinhar a natureza da comunicação que está a ser efectuada.

Os ataques passivos são muito difíceis de detetar porque não envolvem qualquer alteração dos dados. No entanto, é possível impedir o êxito destes ataques.

Ataques activos: Estes ataques envolvem alguma modificação do fluxo de dados ou a criação de um fluxo falso. Estes ataques podem ser classificados em quatro categorias: **Masquerade -** Uma entidade finge ser uma entidade diferente.

Repetição - envolve a captura passiva de uma unidade de dados e a sua subsequente transmissão para produzir um efeito não autorizado.

Modificação de mensagens - Alguma parte da mensagem é alterada ou as mensagens são atrasadas ou gravadas, para produzir um efeito não autorizado.

Negação de serviço - Impede ou inibe a utilização ou gestão normal dos meios de comunicação. Outra forma de negação de serviço é a perturbação de uma rede inteira, quer desactivando a rede, quer sobrecarregando-a com mensagens de modo a degradar o desempenho. É bastante difícil prevenir ataques activos de forma absoluta, porque para o fazer seria necessário proteger fisicamente todas as instalações e vias de comunicação em permanência. Em vez disso, o objetivo é detectá-los e recuperar de quaisquer perturbações ou atrasos por eles causados.

Estas são formas possíveis de ataques que podem levar a discrepâncias nas nossas informações e incorrer em perdas, embora não diretamente, mas de outras formas. Para garantir que os dados estão a salvo de mãos erradas, utilizamos a chave que deve ser mantida confidencial. A chave desempenha um papel fundamental na criptografia. Quando se considera a chave, esta pode ser de qualquer tipo: um número ou uma sequência de letras ou dígitos binários, etc.

A informação sensível que é tornada obscura com a ajuda da chave só pode ser tornada legível ou compreensível com a ajuda da chave. Se, em qualquer caso, a chave for parar às mãos de terceiros que não estão destinados a conhecê-la, a informação pode acabar em mãos erradas. Este é o inconveniente de ter uma única chave para cifrar e decifrar. O conceito de utilizar a mesma chave para a cifragem e a decifragem é conhecido como conceito de "chave simétrica". Para ultrapassar o inconveniente causado pelo conceito de chave simétrica, é introduzido o conceito de "chave assimétrica". Neste caso, são geradas duas chaves: uma chave pública e uma chave privada. Aqui, as duas chaves são geradas seguindo uma série de passos matemáticos. A chave pública é a chave que é utilizada na encriptação na extremidade transmissora e a chave privada é utilizada na desencriptação na extremidade recetora. Estas chaves são únicas para cada utilizador e a probabilidade de adivinhar as chaves é quase insignificante. Neste caso, as chaves públicas são transmitidas a toda a gente, de modo a que a pessoa que pretende enviar a informação ao recetor encripte os dados utilizando a chave pública do recetor. Quando os dados são recebidos, podem ser desencriptados utilizando a chave privada do recetor. Não há qualquer problema, mesmo que a chave pública caia nas mãos dos atacantes, porque embora as chaves pública e privada estejam matematicamente relacionadas entre si, é apenas possível detetar a chave privada a partir dela. Este conceito de chave assimétrica é utilizado no algoritmo RSA, em que é concebido um procedimento distinto para descobrir as chaves pública e privada. Como a fiabilidade deste procedimento não pode ser aferida através de uma técnica qualquer, é certificada pela norma NBS, uma vez que "dezassete anos-homem na IBM foram gastos infrutiferamente a tentar quebrar esse esquema". Uma vez que um método tenha resistido a um ataque tão concertado, pode ser considerado seguro para a ocultação de dados. Isto garante que as informações sensíveis podem ser transmitidas de forma segura através dos meios de comunicação.

A criptografia visual é um método de partilha de segredos que encripta uma imagem secreta em várias partes, mas não requer nem computador nem cálculos para desencriptar a imagem secreta. Em vez disso, a imagem secreta é reconstruída visualmente: simplesmente sobrepondo as partes encriptadas, a imagem secreta torna-se claramente visível.

Uma mensagem em texto simples pode ser escondida de qualquer uma das duas formas. Os métodos de esteganografia ocultam a existência da mensagem, ao passo que os métodos de criptografia tornam a mensagem ininteligível para os estranhos através de várias transformações do texto. Uma forma simples de esteganografia, mas de construção demorada, é aquela em que um arranjo de palavras ou letras num texto aparentemente inócuo explicita a verdadeira mensagem. Várias outras técnicas têm sido usadas historicamente, algumas delas são:

Marcação de caracteres - as letras selecionadas de um texto impresso ou dactilografado são sobrepostas a lápis. Normalmente, as marcas não são visíveis, a menos que o papel seja colocado num ângulo em relação à luz brilhante.

Tinta invisível - podem ser utilizadas várias substâncias para escrever, mas não deixam vestígios visíveis até que seja aplicado calor ou algum produto químico no papel.

Perfurações por alfinetes - as pequenas perfurações por alfinetes em letras selecionadas não são normalmente visíveis, a menos que o papel seja colocado em frente da luz.

Fita de correção datilográfica - utilizada entre as linhas dactilografadas com uma fita preta, os resultados da dactilografia com a fita de correção só são visíveis sob uma luz forte.

Desvantagens da esteganografia:

Requer uma grande sobrecarga para esconder relativamente poucos bits de informação. Quando a técnica é identificada, torna-se praticamente inútil.

Embora a esteganografia seja um tema antigo, a sua formulação moderna é frequentemente apresentada em termos do problema do prisioneiro proposto por Simmons, em que dois reclusos pretendem comunicar em segredo para elaborar um plano de fuga. Todas as suas comunicações passam por uma diretora que os colocará na solitária se suspeitar de qualquer comunicação secreta. A diretora, que tem a liberdade de examinar todas as comunicações trocadas entre os reclusos, pode ser passiva ou ativa. Uma diretora passiva limita-se a examinar a comunicação para tentar determinar se esta contém informações secretas. Se suspeitar que uma comunicação contém informações ocultas, o diretor passivo toma nota da comunicação secreta detectada, comunica o facto a uma entidade externa e deixa passar a mensagem sem a bloquear. Um guarda ativo, por outro lado, tentará alterar deliberadamente a comunicação com a informação oculta suspeita, de modo a remover a informação.

As técnicas de ocultação de informação dos modems escondem a existência de comunicação. As principais facetas da ocultação de informações, também conhecida como ocultação de dados, são o tamanho da carga útil, a robustez à remoção e a impercetibilidade dos dados ocultos. Em geral, as técnicas digitais podem ser divididas em três classes: marca de água invisível, esteganografia e dados incorporados. No entanto, é desejável que todas as classes consigam ocultar com êxito as informações ocultas dos detectores aplicáveis. A marca de água invisível, geralmente utilizada para proteção de direitos de autor, localização de traidores e autenticação, renuncia a uma grande quantidade de carga útil em prol de uma robustez rigorosa. A esteganografia, utilizada para a comunicação secreta, procura aumentar o tamanho da carga útil, sacrificando a robustez. A incorporação de informações coloca pouca ênfase na robustez ou na ocultação.

A nossa sociedade tem procurado continuamente novas e eficientes formas de comunicar. À medida que a comunicação se processa cada vez mais por via eletrónica, surgem novas necessidades, questões e oportunidades. Por vezes, quando comunicamos, preferimos que apenas o destinatário pretendido tenha a capacidade de decifrar o conteúdo de uma mensagem. Queremos manter a mensagem secreta. Uma solução é utilizar a encriptação para ocultar o conteúdo informativo da mensagem. A encriptação, outrora relegada para a informação militar e política, é hoje comum no comércio eletrónico e no correio.

Também existem casos em que preferimos que todo o processo de comunicação seja ocultado de qualquer observador - ou seja, o facto de a comunicação estar a ocorrer é secreto. Nesta situação, é necessário que o processo de comunicação seja oculto. As técnicas que ocultam informação podem ser utilizadas para ocultar ou encobrir a existência de comunicação com outros dados. (Estes últimos dados são intuitivamente designados por dados de cobertura.) Enquanto a cifragem oculta o significado da mensagem, a ocultação de informação oculta a comunicação da mensagem. A ocultação de informação não se destina a substituir a cifragem, mas sim a aumentar o sigilo - a informação pode ser cifrada e depois comunicada secretamente através da ocultação de informação. A ocultação de informações pode ser vista como mais um instrumento para transmitir informações e proporcionar privacidade. Consequentemente, as técnicas de ocultação de informação bem concebidas não dependem do carácter secreto do algoritmo de ocultação. Tal como na criptografia, os criadores de sistemas de ocultação de informação respeitam o princípio de Kerckhoffs, segundo o qual a segurança de um sistema deve residir apenas no carácter secreto da chave e não no algoritmo. A privacidade não é a única motivação para a ocultação de informação. Ao incorporar um item de dados dentro de outro, os dois tornam-se uma única entidade, eliminando assim a necessidade de preservar uma ligação entre os componentes distintos ou de arriscar a sua separação.

Uma aplicação que beneficiaria da ocultação de informação é a incorporação de informação do doente nas imagens médicas. Deste modo, seria criada uma associação permanente entre estes dois objectos de informação. Além disso, a integridade das informações pode ser assegurada utilizando a ocultação de informações para incorporar informações de autenticação e de deteção de adulteração nos dados de cobertura. Isto é particularmente vantajoso numa época em que a preservação e a garantia da informação digital são vitais. Os meios digitais também introduzem problemas de propriedade e pirataria.

A cópia digital é uma operação sem perdas em que uma cópia é a réplica exacta dos dados originais. Por conseguinte, o discernimento da propriedade legítima é problemático. Os governos tentaram dar resposta a estas preocupações propondo uma miríade de leis, como o Digital Millennium Copyright Act de 1998 (DMCA) dos EUA e a lei ou o direito sui generis previsto no Capítulo III da Diretiva 96/9/CE do Parlamento Europeu e do Conselho. Ambas proíbem a evasão de medidas tecnológicas eficazes destinadas a proteger quaisquer direitos relacionados com os direitos de autor. Felizmente, as pessoas que se dedicam à investigação ou à avaliação da eficácia dos sistemas de marcação de direitos de autor estão isentas. Além disso, os grupos industriais cujas receitas são gravemente afectadas pela pirataria digital também recorrem a técnicas científicas, como a ocultação de informação, para combater a violação dos direitos de autor e a pirataria. Por exemplo, considere-se a Secure Digital Music Initiative (SDMI). Este grupo, cujo objetivo é proteger a reprodução, o armazenamento e a distribuição de música digital, lançou um desafio convidando a comunidade digital a tentar decifrar determinadas tecnologias (por exemplo, marcas de água digitais) que estavam a considerar utilizar nos seus sistemas para impedir a cópia não autorizada. O desafio foi notícia a nível internacional quando os investigadores tentaram publicar resultados sobre técnicas de evasão no Quarto Workshop Internacional de Escondimento de Informação. De acordo com uma página Web da instituição dos autores, estes decidiram não apresentar o trabalho depois de terem sido ameaçados com uma ação judicial pela Fundação SDMI, entre outros. Após a conferência e muita publicidade, os autores finalmente publicaram o artigo alguns meses depois.

Há três aspectos diferentes dos sistemas de ocultação de informação que se confrontam entre si: capacidade, segurança e robustez. A capacidade refere-se à quantidade de informação que pode ser escondida no meio de cobertura, a segurança à incapacidade de um intruso detetar a informação escondida e a robustez à quantidade de modificações que o meio de stego pode suportar antes de um adversário poder destruir a informação escondida. A ocultação de informação está geralmente relacionada com a marca de água e a esteganografia. O principal objetivo de um sistema de marca de água é atingir um elevado nível de robustez - ou seja, deve ser impossível remover uma marca de água sem degradar a qualidade do objeto de dados. A esteganografia, por outro lado, tem como objetivo uma elevada segurança e capacidade, o que muitas vezes implica que a informação oculta seja frágil. Mesmo modificações triviais no meio de stego podem destruí-la.

A segurança de um sistema esteganográfico clássico depende do carácter secreto do sistema de codificação. Um exemplo deste tipo de sistema é um general romano que rapou a cabeça de um escravo e tatuou uma mensagem na mesma. Depois de o cabelo voltar a crescer, o escravo era enviado para entregar a mensagem, agora escondida. Embora este sistema possa funcionar durante algum tempo, uma vez conhecido, é bastante simples rapar a cabeça de todas as pessoas que passam para verificar se há mensagens ocultas - em última análise, este sistema esteganográfico falha.

1.2 Objetivo do projeto

Fornecer um meio que possa ser utilizado para enviar informações sensíveis através do mundo sem qualquer receio de que estas sejam exploradas. As técnicas propostas neste projeto garantem a segurança dos dados confidenciais, bem como uma maior capacidade de armazenamento de dados.

1.3 Visão geral do projeto

Chapter 1: Neste capítulo, descrevemos o objetivo e a introdução do nosso projeto, informações sobre o porquê desta técnica e uma breve história e alguns pontos cruciais sobre as técnicas utilizadas neste projeto.

Chapter 2: Este capítulo contém a pesquisa bibliográfica efectuada para o projeto. Contém um breve resumo das referências utilizadas para ajudar o nosso estudo a desenvolver a ideia com alguns exemplos para melhor compreensão do seu trabalho.

Chapter 3: Este capítulo descreve as várias técnicas criptográficas que são atualmente utilizadas em várias aplicações com base nas suas necessidades. Este capítulo contém também as principais técnicas que utilizámos para desenvolver o projeto.

Chapter 4: Este capítulo descreve as várias técnicas esteganográficas e dá uma breve explicação sobre as mesmas. Este capítulo contém uma explicação detalhada sobre a técnica que utilizámos no nosso projeto.

Chapter 5: Este capítulo explica em pormenor a nossa ideia proposta, o funcionamento, o processo de encriptação e desencriptação, a incorporação dos dados numa imagem, a desteganografia.

Contém também os pormenores do software, incluindo a sua versão, etc.

Chapter 6: Este capítulo apresenta os resultados finais e os resultados do projeto. Contém os resultados das diferentes entradas, os seus resultados, os valores dos parâmetros como MSE, PSNR. Mostrámos a variação do MSE e do PSNR, considerando diferentes valores e condições. Incluímos também os resultados desta técnica utilizada para diferentes formatos de imagem.

Chapter 7: Este capítulo apresenta a conclusão e o âmbito futuro do projeto. Explica as diferentes possibilidades de alargar a nossa ideia atual e a conclusão da nossa tese.

Chapter 8: Neste capítulo são apresentadas as várias referências que foram úteis para a construção e desenvolvimento da nossa ideia. Apresenta também algumas referências que são úteis para uma melhor compreensão deste tema.

CAPÍTULO 2

PESQUISA BIBLIOGRÁFICA

T. Morkel, J.H.P. Eloff e M.S. Oliver [1] discutiram os vários métodos de esteganografia de imagens; um método para esconder dados na imagem. A comparação de vários algoritmos foi efectuada para uma melhor segurança.

Wang.H e Wang.S [2] discutiram as técnicas para detetar o conteúdo esteganográfico utilizando as técnicas de Steganalysis.

Rivest, Shamir e Adleman [3] discutiram uma técnica criptográfica em que a mensagem de texto é convertida do formato de texto para o formato de números, que são convertidos a partir do respetivo valor ASCII através da chave pública e o texto pode ser obtido utilizando a chave privada. Uma ilustração que explica o processo acima referido, tomando a mensagem como "Este é o último aviso". O comprimento da mensagem é de 26 bytes. Tomando agora a chave pública como [7,155] e a chave privada como [103,155], podemos encriptar e desencriptar a mensagem. O ASCII da mensagem é 84, 104, 105, 115, 32, 105, 115, 32, 116, 104, 101, 32, 102, 105, 110, 97, 108, 32, 119, 97, 114, 110, 105, 110, 103, 46. Agora, encriptando com a chave pública, obtemos 114, 44, 55, 145, 63, 55, 145, 63, 91, 44, 126, 63, 103, 55, 105, 78, 147, 63, 119, 78, 104, 105, 55, 105, 82, 116. Daí, agora, este "r,7ae?7ae?[,"?g7iN6?wNhi7iRt" encriptado. Estes dados só podem ser desencriptados com a chave privada e, quando desencriptados, obtemos "Este é o último aviso". Estes dados, quando transmitidos, podem ser compreendidos por terceiros, que podem manipular os dados ou tentar descodificá-los ou impedir a sua transmissão.

Sri Devi, Manajaih.D.H [4], alargaram a técnica utilizada por Rivest, Shamir e Adleman. Esta técnica apresenta uma forma mais rápida de implementar o algoritmo para encriptar o texto utilizando o algoritmo RSA. As propriedades da aritmética modular foram utilizadas para gerar as chaves e encriptar o texto de forma mais rápida. O cálculo necessário no sistema de encriptação RSA pode ser efectuado de forma eficiente e mais rápida através das propriedades aritméticas modulares.

D. Coppersmith [5] discutiu outra técnica criptográfica. Esta técnica é uma cifra de bloco, ou seja, os dados são encriptados em termos de blocos e, se o bloco não estiver completo, serão acrescentados zeros. Trata-se de uma cifra de 64 blocos e requer uma chave de 64 bits.

Uma ilustração que explica a técnica acima, tomando a mensagem de 64 bits como 0011000100110010001001100110100001101101001101100011011100111000

E tomando a chave de 64 bits como

1110110001111100110100100001010111011000111110011010010000101011

Quando isto é encriptado, os dados encriptados de 64 bits seriam

1101101101100101101010100100100000100110000010010000010000100111

É encriptado e pode ser desencriptado utilizando a mesma chave de 64 bits e o texto desencriptado é

0011000100110010001001100110100001101101001101100011011100111000

Tomando outro exemplo em que apenas 40 bits estão disponíveis para serem transmitidos. Assim, são acrescentados 24 bits de zeros. A mensagem é 0011010000101111011100110110101001011100

Após a adição de zeros, obtém-se

0011010000101111011100110110101001011100000000000000000000000 000

Utilizar a tecla

011010010000101011101100011111001101001000010101110110011111001

Encriptando o texto acima, obtemos

001111000000101110000110000011110111110000111010100111110100010110101 100

Depois de decifrar a mensagem codificada acima, obtemos

0011010000101111011100110110101001011100000000000000000000000 000

Nesta técnica, a mesma chave é utilizada em ambas as extremidades, pelo que existe uma grande possibilidade de os dados passarem para o lado errado se não forem tomadas medidas de segurança adequadas.

Sung-Jo Hung, Heang-Soo Oh, Jongan Park [6] concluíram que o volume de informações trocadas por meios electrónicos, como a Internet, os telefones sem fios, o fax, etc., está a aumentar muito rapidamente. É muito grave que as informações trocadas através da Internet, uma enorme rede informática, sejam vulneráveis aos piratas informáticos e que a privacidade dos telefones sem fios sem segurança possa ser invadida. Por conseguinte, o algoritmo de cifragem DES pode ser melhorado para proporcionar mais segurança através de S-boxes e combinações de permutações da mensagem.

Afaq Ahmad, Sayyid Samir Al-Bursaidi, Mufeed Juma Al-Musharafi [7] discutiram a geração de pseudo-ruído. Estudaram as propriedades da sequência PN gerada utilizando Registos de Deslocamento com Realimentação Linear (LFSR) e a sua modelação por simulação.

Navneet Kaur, Sunny Behal [8] discutiram as várias técnicas de esteganografia digital disponíveis para esconder a informação no texto através de técnicas linguísticas, na imagem através de técnicas de ocultação, incorporação e extração de dados. No áudio, através de técnicas de ocultação de eco, codificação de paridade, codificação de fase, espetro de propagação e inserção de tons. Estudaram e compararam as técnicas de esteganografia através dos métodos de inserção LSB, DWT, DCT.

Arvind Kumar, KM.Pooja [9] estudou as várias técnicas de esteganografia e as suas ferramentas. Analisaram também o desempenho das ferramentas de esteganografia.

Shaveta Mahajan, Arpinder Singh [10] discutiram as várias técnicas e abordagens para a esteganografia segura. Apresentaram também diferentes métodos para esconder dados em texto, áudio ou imagem.

Y.Majula, K.B.Shiva Kumar [11] introduziram uma transmissão de dados altamente segura. Implementaram os algoritmos de encriptação dupla, depois comprimiram e armazenaram os dados na imagem.

Xinyi Zhou, Wei Gong, Wen Long Fu, Lian Jing Jin [12] implementou e propôs uma técnica em que o texto é primeiro encriptado utilizando o algoritmo RSA e, em seguida, os bits LSB dos pixéis da imagem variam de acordo com a mensagem de texto.

Kamaldeep Joshi, Pooja Dhankar, Rajkumar Yadav [13] propuseram um novo sistema para esconder os dados na imagem. Utilizaram a técnica do domínio espacial, em que os dados armazenados são o valor XORed do primeiro e do último bit, do segundo e do sétimo bit. Esta técnica melhora o PSNR e aumenta a invisibilidade da mensagem secreta.

Rupendra kumar Pathak, Shweta Meena [14] propuseram um sistema que modifica os bits menos significativos da imagem de cobertura com os bits mais significativos da imagem de dados. É gerada uma sequência de pseudo-números baseada numa chave para garantir a segurança contra o ataque estegano-analítico. Em seguida, a convolução Gaussiana e a deconvolução transformam a imagem numa imagem de ponto fixo.

Beenish Mehboob e Rashid Aziz Faruqi [15] afirmaram que a esteganografia está na fase inicial de desenvolvimento. Também discutiram as várias formas como os dados podem ser escondidos no ficheiro de cobertura. Também propuseram uma nova técnica para esconder os dados numa imagem colorida.

V.Lokeswara Reddy, Dr. A.Subramanyam, Dr. P.Chenna Reddy [16] discutiram a técnica de inserção de LSB para armazenar uma imagem numa imagem e os valores PSNR para diferentes formatos de imagens foram tabulados. Mencionaram que o formato BMP não está comprimido e é o melhor para utilizar na técnica de inserção LSB.

Sudhanshi Sharma, Umesh Kumar [17] analisaram as técnicas do domínio da transformação para a esteganografia de imagens. Estudaram o desempenho e compararam as técnicas com base nos valores de PSNR, MSE, capacidade de carga útil, invisibilidade e robustez.

Ismail Avcibas, Nasir Memom, Bulent Sankur [18] apresentou as várias técnicas de análise de imagens que foram objeto de esteganografia. Assumiram que os esquemas esteganográficos deixam provas estatísticas que podem ser exploradas para deteção com a ajuda de caraterísticas de qualidade da imagem e análise de regressão multivariada. Para o efeito, foram identificadas métricas de qualidade de imagem com base na técnica de análise de variância (ANOVA) como conjuntos de caraterísticas para distinguir entre imagens de cobertura e imagens-furto.

M.Preetha, M.Nitya [19] estudaram e discutiram o desempenho do algoritmo RS A. Propuseram um novo sistema com padding de encriptação assimétrica ótica e aplicaram o RS A, o que diminui o tempo necessário para o processo de encriptação. Mas o tempo total aumenta.

Amare Anagaw Ayele, Dr. Vuda Sreenivasa Rao[20] propuseram um algoritmo com várias chaves públicas mas uma única chave privada para encriptar os dados utilizando o algoritmo RSA. Este algoritmo é muito menos suscetível a ataques e é mais seguro, uma vez que a chave privada não pode ser conhecida devido ao envio de várias chaves públicas

A Dra. Shipra Jain [21] discutiu a técnica de inserção LSB para ocultar dados e analisou os prós e os contras da técnica de inserção LSB na esteganografia digital.

Bhavana.S, K.L.Sudha [22] propuseram um sistema para esconder uma mensagem de texto numa imagem. Utilizaram a técnica de inserção LSB. O texto é manipulado utilizando a teoria do caos, que significa imprevisível na Grécia. Depois disso, os dados manipulados são armazenados na posição LSB da imagem de cobertura.

R.Poorinma, RJ.Iswaraya [23] analisam os vários métodos disponíveis para a esteganografia de imagens, como o domínio da transformação ou o domínio da imagem. Também discutiram esquemas de alta capacidade para esteganografia de imagens digitais para diferentes formatos de ficheiros.

Nentawe Y.Gosh we [24] discutiu o algoritmo para a transmissão segura de dados utilizando a cifragem e a decifragem de dados utilizando algoritmos RS A em redes. Este algoritmo pode ser utilizado para transmitir informações de um terminal de computador para outro terminal de computador quando os dados são encriptados e desencriptados nos terminais de computador utilizando chaves públicas e privadas.

Ariel M.Sison, Bartolome T.Tangulilg III, Bobby D.Gerardo, Yung Cheol Byun [25] discutiram um sistema que melhora a encriptação DES incorporando a conversão de bits pares/ímpares no sistema existente. Discutiram uma forma de transmitir os dados utilizando cartões inteligentes que podem ser lidos por leitores de cartões inteligentes. Os cartões inteligentes só podem ser lidos com uma palavra-passe. Assim, os dados estão ainda mais seguros.

M.S.Sutaone, M.V.Khandre [26] propuseram um sistema que implementa a esteganografia de imagens utilizando a técnica de inserção LSB, que seleciona os pixels da imagem de cobertura de forma aleatória. Este modo aleatório é selecionado por uma chave secreta que gera números pseudo-aleatórios. Assim, os dados podem ser protegidos e a mensagem só pode ser recuperada com a mesma chave secreta.

Gagandeep shahi, Charanhit Singh [27] discutiram as várias técnicas criptográficas e a sua importância. Afirmaram também que a segurança dos dados é uma questão premente nesta era digital moderna. A criptografia responde a questões de segurança como a integridade dos dados, a confidencialidade dos dados, a disponibilidade dos dados e a verificação/validação dos dados. Discutiram as várias técnicas de criptografia, bem como as suas duas abordagens de implementação, designadas por Abordagem de Implementação de Criptografia Confiável por Terceiros (TTPCA) e Abordagem de Criptografia Ponto a Ponto (P2PCA). Consoante a situação, estas abordagens podem ser utilizadas com a ajuda dos recursos disponíveis na nossa rede.

Chin-Chen Chang, Min-Hui Lin, Yu-Chen Hu [28] propuseram uma forma mais rápida de esconder uma imagem na imagem de cobertura a transmitir, de modo a que o processo de incorporação demore menos tempo. Também se certificaram de que a alteração do contraste ou do brilho da imagem não afecta a imagem secreta.

Ying Wang, Pierre Moulin [29] discutiram a esteganálise, que consiste na deteção da esteganografia de imagens para detetar a presença de uma mensagem e a sua extração.

Fabien A.P.Petitcolas, Ross J.Anderson, Markus G.Kuhn [30] fizeram um levantamento da importância da ocultação de dados em vários domínios, quer para a transmissão secreta de informações quer para efeitos de direitos de autor. Também tabularam os resultados da importância crescente da ocultação de dados através de um certo número de publicações anuais sobre a ocultação de dados.

CAPÍTULO 3

CRYPTOGRAFIA

A criptografia é a técnica que permite garantir o carácter secreto das comunicações. A criptografia tem como objetivo manter uma mensagem secreta. A criptografia divide-se em dois tipos: encriptação simétrica e encriptação assimétrica.

3.1 Encriptação assimétrica

A encriptação assimétrica é também conhecida como criptografia de chave pública. Nesta encriptação, existe um par de chaves. Uma chave pode encriptar, o que se designa por chave pública, e a outra chave pode desencriptar, pelo que se designa por chave privada. Protocolos como o OpenPGP SSH dependem da encriptação assimétrica e de várias funções digitais. Neste tipo de encriptação, sempre que uma chave pública é alterada e substituída por um terceiro, os dados podem ser desencriptados. Por conseguinte, é necessário verificar se a chave pública é a chave pública correta da pessoa que está a transmitir. Para que a cifragem assimétrica ofereça integridade, autenticidade e confidencialidade, os utilizadores e os sistemas precisam de ter a certeza de que uma chave pública é autêntica, que pertence à pessoa reclamada e que não foi adulterada ou substituída por um terceiro mal-intencionado.

O par de chaves pública e privada é composto por duas chaves criptográficas relacionadas de forma única. A chave pública é o que o seu nome sugere, é pública. É disponibilizada a todos através de um repositório ou diretório acessível ao público. Por outro lado, a chave privada deve permanecer confidencial para o seu respetivo proprietário. Uma vez que o par de chaves está matematicamente relacionado, o que for encriptado com uma chave pública só pode ser desencriptado pela chave privada correspondente e vice-versa.

Por exemplo, se Bob quiser enviar dados sensíveis a Alice e quiser ter a certeza de que apenas Alice os poderá ler, encriptará os dados com a chave pública de Alice. Apenas Alice tem acesso à sua chave privada correspondente e, consequentemente, é a única pessoa com a capacidade de desencriptar os dados encriptados de volta à sua forma original.

Como só a Alice tem acesso à sua chave privada, é possível que só ela possa decifrar os dados encriptados. Mesmo que outra pessoa tenha acesso aos dados encriptados, estes permanecerão confidenciais, uma vez que não tem acesso à chave privada de Alice. Os algoritmos populares para a cifragem assimétrica são o RSA, o DSA, o El Gamal e o ECC.

3.1.1 Encriptação RSA

O RSA é a primeira técnica prática de encriptação de chave assimétrica. RSA é o nome dos três cientistas que conceberam este algoritmo. São eles Ron Rivest, Adi Shamir e Leonard Adleman. Foi descrito pela primeira vez no ano de 1977. O RSA é um criptossistema de encriptação de chave pública e é amplamente utilizado para proteger dados sensíveis, especialmente quando são enviados através de uma rede insegura como a Internet.

A criptografia de chave pública, também conhecida como criptografia assimétrica, utiliza duas chaves diferentes, mas matematicamente ligadas, uma pública e outra privada. A chave pública pode ser partilhada com todos, enquanto a chave privada deve ser mantida em segredo. Na criptografia RSA, tanto a chave pública como a privada podem cifrar uma mensagem; a chave oposta à utilizada para cifrar uma mensagem é utilizada para a decifrar. Este atributo é uma das razões pelas quais o RSA se tornou o algoritmo assimétrico mais utilizado: Fornece um método para garantir a confidencialidade, integridade, autenticidade e não-reputabilidade das comunicações electrónicas e do armazenamento de dados.

1. Selecione dois números primos grandes p,q tais que **p≠q** e p,q >11.
2. n=p*q
3. g=(p-l)*(q-l)
4. Selecione e, de modo a que GCD(g,e)=l
5. Agora selecione d, tal que (e*d)mod g=l
6. Agora (e,n) é a chave pública e (d,n) é a chave privada.
7. A mensagem é codificada com a chave pública (para a codificar é convertida em binário com a ajuda de valores ASCII).
8. A mensagem codificada é designada por cifra.
9. cifra=[texto^{e}]mod n
10. Os valores ASCII são mencionados abaixo.
11. Para descodificar o texto cifrado e obter o texto simples. simples=[cifrado^{d}]mod n.

Uma vez que não existem técnicas para provar que um esquema de encriptação é seguro, o único teste disponível é ver se alguém consegue pensar numa forma de o quebrar. A norma NBS foi "certificada" desta forma; dezassete anos-homem na IBM foram gastos infrutiferamente a tentar quebrar esse esquema. Uma vez que um método tenha resistido com sucesso a um tal ataque concertado, pode, para efeitos práticos, ser considerado seguro.

O RSA deriva a sua segurança da dificuldade de faturar números inteiros grandes que são o produto de dois números primos grandes. Multiplicar estes dois números é fácil, mas determinar os números primos originais a partir da factorização total é considerado inviável devido ao tempo que levaria, mesmo utilizando os supercomputadores actuais. O algoritmo de geração das chaves pública e privada é a parte mais complexa da criptografia RSA. Dois números primos grandes, *p* e *q,* são gerados utilizando o algoritmo de teste de primalidade de Rabin-Miller. Calcula-se um módulo *n* multiplicando *p* e q. Este número é utilizado pelas chaves pública e privada e constitui a ligação entre elas. O seu comprimento, normalmente expresso em bits, é designado por comprimento da chave. A chave pública é constituída pelo módulo n e por um expoente público, *e*, que normalmente é fixado em 65537, por ser *um* número primo não demasiado grande. O valor de e não tem de ser um número primo selecionado secretamente, uma vez que a chave pública é partilhada com todos. A chave privada consiste no módulo n e no expoente privado *d*, que é calculado utilizando o algoritmo Euclidiano Alargado para encontrar o inverso multiplicativo relativamente ao quociente de n.

Para realizar a encriptação RSA, precisamos de converter o ficheiro de texto nos seus valores ASCII. O ASCII foi desenvolvido a partir do código telegráfico. ASCII, abreviatura de American Standard Code for Information Interchange, é uma norma de codificação de caracteres. Os códigos ASCII representam texto em computadores, equipamento de telecomunicações e outros dispositivos. A maioria dos esquemas de codificação de caracteres dos modems baseia-se em ASCII, embora suportem muitos caracteres adicionais. O ASCII reserva os primeiros 32 códigos (números 0-31 decimais) para caracteres de controlo: códigos originalmente destinados não a representar informação imprimível, mas sim a controlar dispositivos (como impressoras) que utilizam o ASCII ou a fornecer informações sobre fluxos de dados, como os armazenados em fita magnética. O ASCII pode ser dividido em 3 tipos: Caracteres de controlo não imprimíveis (0 a 31 e 127); Caracteres imprimíveis (32 a 126) e ASCII estendido (128 a 255). Os valores ASCII geralmente utilizados são todos os caracteres imprimíveis e alguns caracteres de controlo (o valor ASCII para o carácter nulo é 0, para o enter é 13, 10 e para o tab é 9).

Dec	Hx	Oct	Char	Dec	Hx	Oct	Html	Chr	Dec	Hx	Oct	Html	Chr	Dec	Hx	Oct	Html	Chr
0	0	000	NUL (null)	32	20	040		Space	64	40	100	@	@	96	60	140	`	`
1	1	001	SOH (start of heading)	33	21	041	!	!	65	41	101	A	A	97	61	141	a	a
2	2	002	STX (start of text)	34	22	042	"	"	66	42	102	B	B	98	62	142	b	b
3	3	003	ETX (end of text)	35	23	043	#	#	67	43	103	C	C	99	63	143	c	c
4	4	004	EOT (end of transmission)	36	24	044	$	$	68	44	104	D	D	100	64	144	d	d
5	5	005	ENQ (enquiry)	37	25	045	%	%	69	45	105	E	E	101	65	145	e	e
6	6	006	ACK (acknowledge)	38	26	046	&	&	70	46	106	F	F	102	66	146	f	f
7	7	007	BEL (bell)	39	27	047	'	'	71	47	107	G	G	103	67	147	g	g
8	8	010	BS (backspace)	40	28	050	(	(	72	48	110	H	H	104	68	150	h	h
9	9	011	TAB (horizontal tab)	41	29	051	)	)	73	49	111	I	I	105	69	151	i	i
10	A	012	LF (NL line feed, new line)	42	2A	052	*	*	74	4A	112	J	J	106	6A	152	j	j
11	B	013	VT (vertical tab)	43	2B	053	+	+	75	4B	113	K	K	107	6B	153	k	k
12	C	014	FF (NP form feed, new page)	44	2C	054	,	,	76	4C	114	L	L	108	6C	154	l	l
13	D	015	CR (carriage return)	45	2D	055	-	-	77	4D	115	M	M	109	6D	155	m	m
14	E	016	SO (shift out)	46	2E	056	.	.	78	4E	116	N	N	110	6E	156	n	n
15	F	017	SI (shift in)	47	2F	057	/	/	79	4F	117	O	O	111	6F	157	o	o
16	10	020	DLE (data link escape)	48	30	060	0	0	80	50	120	P	P	112	70	160	p	p
17	11	021	DC1 (device control 1)	49	31	061	1	1	81	51	121	Q	Q	113	71	161	q	q
18	12	022	DC2 (device control 2)	50	32	062	2	2	82	52	122	R	R	114	72	162	r	r
19	13	023	DC3 (device control 3)	51	33	063	3	3	83	53	123	S	S	115	73	163	s	s
20	14	024	DC4 (device control 4)	52	34	064	4	4	84	54	124	T	T	116	74	164	t	t
21	15	025	NAK (negative acknowledge)	53	35	065	5	5	85	55	125	U	U	117	75	165	u	u
22	16	026	SYN (synchronous idle)	54	36	066	6	6	86	56	126	V	V	118	76	166	v	v
23	17	027	ETB (end of trans. block)	55	37	067	7	7	87	57	127	W	W	119	77	167	w	w
24	18	030	CAN (cancel)	56	38	070	8	8	88	58	130	X	X	120	78	170	x	x
25	19	031	EM (end of medium)	57	39	071	9	9	89	59	131	Y	Y	121	79	171	y	y
26	1A	032	SUB (substitute)	58	3A	072	:	:	90	5A	132	Z	Z	122	7A	172	z	z
27	1B	033	ESC (escape)	59	3B	073	;	;	91	5B	133	[	[	123	7B	173	{	{
28	1C	034	FS (file separator)	60	3C	074	<	<	92	5C	134	\	\	124	7C	174			|
29	1D	035	GS (group separator)	61	3D	075	=	=	93	5D	135	]	]	125	7D	175	}	}
30	1E	036	RS (record separator)	62	3E	076	>	>	94	5E	136	^	^	126	7E	176	~	~
31	1F	037	US (unit separator)	63	3F	077	?	?	95	5F	137	_	_	127	7F	177		DEL

Source: www.LookupTables.com

Fig 3.1: Valores ASCII dos caracteres de controlo e os presentes no teclado

128	Ç	144	É	160	á	176	░	192	└	208	╨	224	α	240	≡
129	ü	145	æ	161	í	177	▒	193	┴	209	╤	225	ß	241	±
130	é	146	Æ	162	ó	178	▓	194	┬	210	╥	226	Γ	242	≥
131	â	147	ô	163	ú	179	│	195	├	211	╙	227	π	243	≤
132	ä	148	ö	164	ñ	180	┤	196	─	212	╘	228	Σ	244	⌠
133	à	149	ò	165	Ñ	181	╡	197	┼	213	╒	229	σ	245	⌡
134	å	150	û	166	ª	182	╢	198	╞	214	╓	230	µ	246	÷
135	ç	151	ù	167	º	183	╖	199	╟	215	╫	231	τ	247	≈
136	ê	152	ÿ	168	¿	184	╕	200	╚	216	╪	232	Φ	248	°
137	ë	153	Ö	169	⌐	185	╣	201	╔	217	┘	233	Θ	249	∙
138	è	154	Ü	170	¬	186	║	202	╩	218	┌	234	Ω	250	·
139	ï	155	¢	171	½	187	╗	203	╦	219	█	235	δ	251	√
140	î	156	£	172	¼	188	╝	204	╠	220	▄	236	∞	252	^{n}
141	ì	157	¥	173	¡	189	╜	205	═	221	▌	237	φ	253	^{2}
142	Ä	158	₧	174	«	190	╛	206	╬	222	▐	238	ε	254	■
143	Å	159	ƒ	175	»	191	┐	207	╧	223	▀	239	∩	255	

Source: www.LookupTables.com

Fig 3.2: Valores ASCII do conjunto alargado de caracteres.

3.1.2 Encriptação DSA

O Algoritmo de Assinatura Digital (DSA) é uma Norma Federal de Processamento de Informação para assinaturas digitais. Em agosto de 1991, o National Institute of Standards and Technology (NIST) propôs o DSA para utilização na sua Digital Signature Standard (DSS) e adoptou-o como FIPS 186 em 1993. Com o DSA, a entropia, o sigilo e a exclusividade do valor de assinatura aleatório *k* são críticos. É tão crítico que a violação de qualquer um desses três requisitos pode revelar toda a chave privada a um atacante. Usar o mesmo valor duas vezes (mesmo mantendo *k* secreto), usar um valor previsível ou vazar até mesmo alguns bits de *k* em cada uma das várias assinaturas é suficiente para quebrar o DSA.

3.2 Encriptação simétrica

A encriptação simétrica é a técnica mais antiga e mais conhecida. Uma chave secreta, que pode ser um número, uma palavra ou apenas uma sequência de letras aleatórias, é aplicada ao texto de uma mensagem para alterar o conteúdo de uma determinada forma. Isto pode ser tão simples como deslocar cada letra num determinado número de posições no alfabeto. Desde que tanto o remetente como o destinatário conheçam a chave secreta, podem encriptar e desencriptar todas as mensagens utilizando essa chave. A implementação da criptografia simétrica pode ser altamente eficaz porque não se regista qualquer atraso significativo em resultado da encriptação e da desencriptação.

A criptografia simétrica proporciona um grau de autenticação porque os dados encriptados com uma chave simétrica não podem ser desencriptados com qualquer outra chave simétrica. Por conseguinte, desde que a chave simétrica seja mantida em segredo pelas duas partes, pode ser utilizada para encriptar mensagens e cada parte pode ter a certeza de que está a comunicar com a outra, desde que as mensagens desencriptadas continuem a fazer sentido. Os algoritmos populares de encriptação simétrica são o DES, o AES, o IDEA, o Blowfish, o Triple DES, o Two fish e o Serpent.

3.2.1 Encriptação DES

O Data Encryption Standard (DES) foi desenvolvido por volta de 1974 por uma equipa da IBM e foi adotado como norma nacional em 1977. Desde então, muitos criptanalistas tentaram encontrar atalhos para quebrar o sistema. Este algoritmo é o primeiro algoritmo de encriptação aprovado pelo Governo dos EUA para o público, o que garantiu que o algoritmo fosse rapidamente adotado por indústrias onde a necessidade de encriptação é elevada.

O DES é uma cifra de bloco, o que significa que a encriptação é feita em termos de blocos.

O DES funciona utilizando a mesma chave para encriptar e desencriptar uma mensagem, pelo que tanto o emissor como o recetor devem conhecer e utilizar a mesma chave privada. O DES foi adotado pelo governo dos EUA como norma oficial de processamento de informação federal (FIPS) em 1977 para a encriptação de dados informáticos comerciais e sensíveis, mas não classificados, do governo. Foi o primeiro algoritmo de encriptação aprovado pelo governo dos EUA para divulgação pública. Isto assegurou que o DES fosse rapidamente adotado por indústrias como a dos serviços financeiros, onde a necessidade de uma encriptação forte é elevada. A simplicidade do DES também levou à sua utilização numa grande variedade de sistemas incorporados, cartões inteligentes, cartões SIM e dispositivos de rede que requerem encriptação, como modems, descodificadores e routers. O DES é uma cifra de bloco de 64 bits, o que significa que encripta os dados 64 bits de cada vez.

1. É gerada uma chave longa de 64 bits que pode ser gerada aleatoriamente.
2. Em seguida, a chave passa a ter 56 bits de comprimento, removendo aleatoriamente 8 bits.
3. Estes 56 bits são divididos em duas metades de modo a obtermos cl e dl de 28 bits cada.
4. Em seguida, concatenamo-los e removemos alguns bits, de modo a obtermos kl de 32 bits de comprimento.
5. Ao deslocar circularmente cl e dl por Ibit ou 2 bits, obtemos c2 e d2 e, em seguida, encontramos k2 de 32 bits de comprimento.
6. Do mesmo modo, deslocar c2 e d2 para obter c3 e d3 e encontrar k3.
7. Continue assim até ter 16 chaves diferentes.
8. Leia a mensagem.
9. Como já foi referido, o DES é uma cifra de 64 blocos, pelo que deve dividir a mensagem em 64 bits ou 8 bytes e acrescentar zeros, se necessário.
10. O DES é efectuado para cada bloco individualmente no processo abaixo mencionado.
11. Dividir a mensagem de 64 bits em duas metades LI e RI de 32 bits de comprimento
12. Temos de encontrar L2 R2 e depois L3 R3 até LI 6 RI 6.

$L(i)=R(i-1)$

$R(i)=L(i) \oplus f[k(i),R(i-1)]$

em que f é um conjunto de operações que podem ser operações xor ou xnor, i=2 a 16

13) Concatenando L16 R16 obtém-se um texto cifrado de 64 bits que é o texto cifrado.

14. repetir o mesmo processo a partir do passo 11 para cada um dos blocos do mensagem.

15. Assim, obteve o texto encriptado DES.

16) O mesmo processo é efectuado na ordem inversa para decifrar os dados.

Para qualquer cifra, o método mais básico de ataque é a força bruta, tentando sucessivamente todas as chaves possíveis. O comprimento da chave determina o número de chaves possíveis. Assim, quanto maior for o comprimento, maior será a dificuldade em decifrar a chave. Existem três ataques mais rápidos do que o método de força bruta, mas são inviáveis na prática. No entanto, a Electronic Frontier Foundation decifrou o texto cifrado do DES em 56 horas. Por conseguinte, o algoritmo DES não é tão seguro como o algoritmo RSA.

Uma propriedade desejável de qualquer algoritmo de cifragem é que uma pequena alteração no texto simples ou na chave deve produzir alterações significativas no texto cifrado. A isto chama-se efeito de avalanche. O DES apresenta um forte efeito de avalanche. Suponhamos que, de 64 bits, apenas 1 bit dos dados de entrada foi alterado e que, no final de 16 rondas de iterações, 34 bits de dados terão sido alterados. Assim, podemos dizer que o DES apresenta um forte efeito de avalanche.

3.2. 2Criptografia DES tripla

A velocidade das pesquisas exaustivas de chaves contra o DES após 1990 começou a causar desconforto entre os utilizadores do DES. No entanto, os utilizadores não queriam substituir o DES, uma vez que é necessário muito tempo e dinheiro para alterar algoritmos de cifragem que são amplamente adoptados e integrados em grandes arquitecturas de segurança. A abordagem pragmática consistiu em não abandonar completamente o DES, mas em alterar a forma como o DES é utilizado. Isto levou aos esquemas modificados do Triple DES (por vezes conhecido como

3DES). A propósito, existem duas variantes do Triple DES conhecidas como 3-key Triple DES (3TDES) e 2-key Triple DES (2TDES).

Antes de utilizar o 3TDES, o utilizador começa por gerar e distribuir uma chave 3TDES K, que consiste em três chaves DES diferentes Ki, K2 e K3. Isto significa que a chave 3TDES efectiva tem um comprimento de 3x56 = 168 bits. Devido a esta conceção do Triple DES como um processo de encriptação-desencriptação e encriptação, é possível utilizar uma implementação 3TDES (hardware) para um único DES, definindo Ki, K2 e K3 com o mesmo valor. Isto proporciona compatibilidade com as versões anteriores do DES.

A segunda variante do Triple DES (2TDES) é idêntica ao 3TDES, exceto que K é substituído por Ki. Por outras palavras, o utilizador encripta blocos de texto simples com a chave Ki, depois desencripta com a chave K2 e, por fim, encripta novamente com Ki. Por conseguinte, o 2TDES tem um comprimento de chave de 112 bits.

Os sistemas DES triplos são significativamente mais seguros do que o DES simples, mas são claramente um processo muito mais lento do que a encriptação utilizando o DES simples.

3.2.3 Encriptação AES

O algoritmo de encriptação simétrica mais popular e amplamente adotado que se pode encontrar hoje em dia é o Advanced Encryption Standard (AES). Era necessário um substituto para o DES, uma vez que a dimensão da sua chave era demasiado pequena. Com o aumento do poder de computação, foi considerado vulnerável a um ataque de pesquisa exaustiva de chaves. O AES é uma cifra iterativa e não uma cifra de Feistel. Baseia-se numa "rede de substituição-permutação". É composta por uma série de operações interligadas, algumas das quais implicam a substituição de entradas por saídas específicas (substituições) e outras implicam a baralhação de bits (permutações).

Curiosamente, o AES efectua todos os seus cálculos em bytes e não em bits. Assim, a AES trata os 128 bits de um bloco de texto simples como 16 bytes. Estes 16 bytes são organizados em quatro colunas e quatro linhas para serem processados como uma matriz. Ao contrário do DES, o número de rondas no AES é variável e depende do comprimento da chave. O AES utiliza 10 rondas para chaves de 128 bits, 12 rondas para chaves de 192 bits e 14 rondas para chaves de 256 bits. Cada uma destas rondas utiliza uma chave de ronda diferente de 128 bits, que é calculada a partir da chave AES original. Na criptografia atual, o AES é amplamente adotado e suportado tanto em hardware como em software. Até à data, não se registaram ataques criptoanalíticos práticos contra o AES, desde que foi descoberto. Além disso, o AES tem a flexibilidade incorporada do comprimento da chave, o que permite um certo grau de "proteção futura" contra o progresso na capacidade de efetuar pesquisas exaustivas de chaves. No entanto, tal como para o DES, a segurança do AES só é garantida se for corretamente implementado e se for utilizada uma boa gestão de chaves.

3.3 Geração de sequências PN

Para gerar a chave longa de 64 bits, utilizamos uma sequência de pseudo-ruído, ou seja, uma sequência PN. O ruído pseudo-aleatório é um sinal semelhante ao ruído que satisfaz um ou mais dos testes padrão de aleatoriedade estatística. Embora pareça não ter qualquer padrão definido, o pseudo-ruído aleatório consiste numa sequência determinística de impulsos que se repete após o seu período. Nos dispositivos criptográficos, o padrão do ruído pseudo-aleatório é determinado por uma chave e o período de repetição pode ser muito longo, até mesmo milhões de dígitos. O ruído pseudo-aleatório é utilizado em alguns instrumentos musicais electrónicos, por si só ou como entrada para a síntese subtractiva, e em muitas máquinas de ruído branco. Neste caso, a sequência PN é utilizada para gerar a chave de 64 bits a utilizar na encriptação e desencriptação DES.

Uma sequência PN é um fluxo de bits de '1's e '0's que ocorrem aleatoriamente, com algumas propriedades únicas. A sequência serve como um padrão de referência com caraterísticas aleatórias conhecidas para a análise, otimização e medição do desempenho de canais e sistemas de comunicação.

> Propriedade de equilíbrio: Em cada período de uma sequência de comprimento máximo, o número de Is é sempre mais um do que o número de Os.

> Propriedade da sequência: Entre as execuções de Is e Os em cada período de uma sequência de comprimento máximo, metade das execuções de cada tipo são de comprimento, um quarto são de comprimento dois, um oitavo são de comprimento três, e assim por diante, desde que estas fracções representem números significativos de execuções.

> Propriedade de correlação: A correlação é uma medida de semelhança entre duas sequências. Quando as duas sequências comparadas são diferentes, trata-se da "correlação cruzada" e quando são iguais, trata-se da "autocorrelação".

> Deslocamento e adição: Quando uma sequência PN é deslocada e a sequência deslocada módulo-2 é adicionada à sequência não deslocada com uma porta OR exclusiva, o resultado é a mesma sequência PN com outro deslocamento, a (k), é arbitrariamente deslocada em 4 bits para obter, a (k-4). As duas sequências, quando adicionadas em módulo-2, dão origem a uma sequência que é uma versão deslocada de 3 bits, a (k - 3), da sequência original a (k). Só quando a sequência PN é adicionada a si própria em módulo-2 sem deslocação é que o resultado é uma sequência de zeros. Uma aplicação direta desta propriedade é a geração de duas sequências idênticas com um grande atraso conhecido entre elas.

3.3.1 Método série - paralelo

Este método é utilizado para a geração a alta velocidade da sequência PN. Neste método, utilizamos um multiplexador de alta velocidade. Multiplexamos duas sequências PN para obter uma sequência com o dobro da taxa. No entanto, as duas sequências devem necessariamente ter um desvio de fase de metade do comprimento da sequência. A taxa máxima de dados PN depende do tipo de dispositivo lógico utilizado. Uma vez que apenas um atraso de porta (devido à porta XOR) é introduzido no caminho de realimentação, a taxa PN máxima pode estar próxima da frequência de funcionamento mais elevada do registo de derivação. A frequência de funcionamento da sequência PN pode ser empurrada para além da frequência de relógio do registo de transferência, utilizando um multiplexador de alta velocidade.

3.3.2 Sequência de ouro

As sequências douradas são geradas pela operação módulo-2 de duas sequências m diferentes com o mesmo comprimento. Quaisquer duas sequências m são capazes de gerar uma família de muitos códigos de produto não máximos. Mas as sequências maximais preferidas só podem produzir códigos Gold.

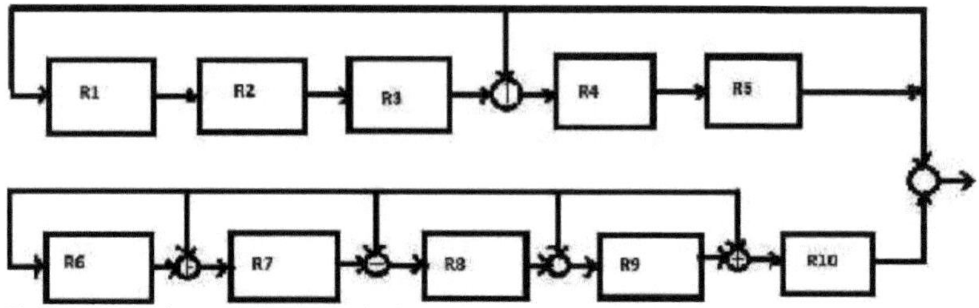

Fig 3.3: Circuito do gerador de sequência dourada

Em que RI a RIO são registos de deslocamento

3.3.3 Código Walsh

Os códigos Walsh são códigos de correção de erros mutuamente ortogonais. Têm muitas propriedades matemáticas interessantes e aplicações vitais em sistemas de comunicação. As sequências pseudo-aleatórias desempenham um papel importante na codificação de mensagens para uma transmissão eficiente das mesmas. O código de Walsh é um código linear que mapeia cadeias binárias de comprimento n para palavras de código binárias de comprimento 2^n . Os códigos de Walsh podem ser gerados a partir de matrizes de Hadamard de ordens que são uma potência de 2. A mensagem original pode ser recuperada mesmo depois de cerca de um quarto dos bits terem sido corrompidos.

3.3.4 Sequência de Kasami

As sequências de Kasami são também sequências PN de comprimento N = 2n-l, que são definidas para valores pares de n. Existem duas classes de sequências de Kasami (i) conjunto pequeno de sequências de Kasami, (ii) conjunto grande de sequências de Kasami. O conjunto pequeno de sequências de Kasami é ótimo no sentido de corresponder ao limite inferior de Welch para as funções de correlação. Um pequeno conjunto de sequências de Kasami é um conjunto de 2n/2 sequências binárias. O pequeno conjunto de sequências de Kasami é ótimo e tem melhores propriedades de correlação do que as sequências de ouro. Mas o conjunto contém um número menor de sequências. Para um registo de deslocação de comprimento n, o número de sequências possíveis para o pequeno conjunto de sequências de Kasami é de apenas 2n/2 sequências, enquanto o conjunto de códigos Gold contém 2n + 2 sequências. O número de sequências pode ser aumentado fazendo algum relaxamento nos valores de correlação das sequências. O conjunto de sequências resultante é designado por conjunto grande de sequências de Kasami.

3.3.5 Sequência de Barker

Um código Barker é uma sequência de comprimento finito N tal que o valor absoluto da função de autocorrelação discreta r | (J) | < 1 para J# 0 onde "f é o desfasamento temporal durante o período atribuído a um bit.

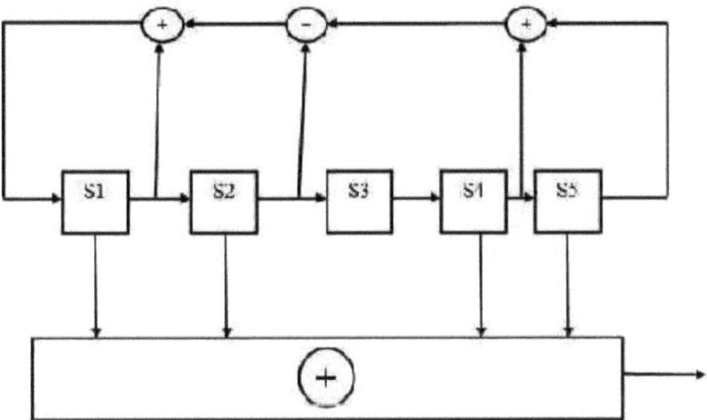

Fig 3.4: Circuito do gerador de código Barker

Aqui utilizamos 5 registos, que são SI a S5.

3.3.6 Evitar o estado zero

Um registo de N bits pode gerar 2N-1 estados, contra os 2N estados de um contador binário. Embora os estados do contador gerem uma sequência ascendente ou descendente, os estados de saída do gerador PN são aparentemente aleatórios. O estado totalmente zero está ausente na sequência PN. Este estado é inibido porque o gerador permanece bloqueado a ele. O somador de módulo-2 no circuito de realimentação alimenta apenas 'O's à entrada. É necessário um circuito adicional para detetar o estado "todos os zeros" e repor o registo PN num estado válido.

3.3.7 Registos de Deslocamento de Realimentação Linear

Uma sequência PN é gerada utilizando um registo de deslocação e somadores de módulo-2. Certas saídas do registo de deslocação são adicionadas com o módulo 2 e a saída do somador é devolvida ao registo. Um registo de deslocamento de N fases pode gerar uma sequência de comprimento máximo de 2N-1 bits. Apenas algumas saídas, ou taps, podem gerar uma sequência de comprimento máximo. No processo de geração da sequência PN, neste projeto são colocados 5 registos de deslocamento para gerar a sequência PN de 64 bits.

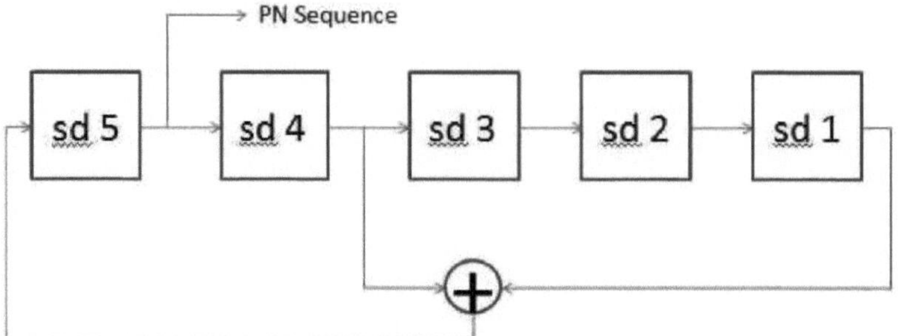

Fig 3.5: Gerador de sequência PN utilizando registos de deslocação com realimentação linear

O circuito acima é um gerador de sequência PN. Aqui utilizamos 5 registos, que são sdl a sd5. Estes geram uma sequência PN de 64 bits, que é obtida a partir da saída do quinto registo sd5.

CAPÍTULO 4

STEGANOGRAFIA

A esteganografia é a prática de esconder um ficheiro, mensagem, imagem ou vídeo dentro de outro ficheiro, mensagem, imagem ou vídeo. A palavra esteganografia combina as palavras gregas Steganos, que significa "coberto, escondido ou protegido", e Graphein, que significa "escrita". A primeira utilização registada do termo foi em 1499 por Johannes Trithemius na sua Steganographia, um tratado sobre criptografia e esteganografia, disfarçado de livro de magia. Geralmente, as mensagens ocultas são (ou fazem parte de) algum tipo de imagens, artigos, listas de compras que são escondidas noutros artigos, como imagens, vídeos ou entre linhas de uma carta, etc. Por exemplo, a mensagem oculta pode estar em tinta invisível entre as linhas visíveis de uma carta privada. Algumas implementações da esteganografia que não têm um segredo partilhado são formas de segurança através da obscuridade, enquanto os esquemas esteganográficos dependentes da chave aderem ao princípio de Kerckhoffs.

A primeira descrição da utilização da esteganografia remonta aos gregos. Heródoto conta como foi transmitida aos gregos uma mensagem sobre as intenções hostis de Xerxes sob a cera de uma tábua de escrever, e descreve uma técnica de pontilhar letras sucessivas num texto de capa com uma tinta secreta, devida a Eneias, o Tático.

As lendas dos piratas falam da prática de tatuar a informação secreta, como um mapa, na cabeça de alguém, para que o cabelo a escondesse. Kahn fala de um truque utilizado na China para inserir um ideograma de código numa posição pré-estabelecida num despacho; uma ideia semelhante conduziu ao sistema de grelha utilizado na Europa medieval, em que um modelo de madeira era colocado sobre um texto aparentemente inócuo, destacando uma mensagem secreta incorporada.

Durante a Segunda Guerra Mundial, o método da grelha ou algumas variantes foram utilizados por espiões. No mesmo período, os alemães desenvolveram a tecnologia de micropontos, que imprime uma fotografia nítida e de boa qualidade, reduzindo-a ao tamanho de um ponto. Há rumores de que, durante a década de 1980, Margareth Thatcher, então Primeira-Ministra do Reino Unido, ficou tão irritada com as fugas de informação da imprensa sobre documentos do Governo, que mandou programar os processadores de texto para codificarem a identidade do escritor no espaçamento das palavras, podendo assim localizar os ministros desleais. Durante o período da "Guerra Fria", os EUA e a URSS queriam esconder os seus sensores nas instalações do inimigo. Estes dispositivos tinham de enviar dados para as suas nações, sem serem detectados. Atualmente, a esteganografia é investigada tanto por razões legais como ilegais.

Entre as primeiras, contam-se as telecomunicações de guerra, que utilizam o espetro alargado ou a rádio de dispersão de meteoros para ocultar tanto a mensagem como a sua fonte. No mercado industrial, com o advento das comunicações e armazenamento digitais, uma das questões mais importantes é a aplicação dos direitos de autor, pelo que estão a ser desenvolvidas técnicas de marca de água digital para restringir a utilização de dados protegidos por direitos de autor.

Outra utilização importante é a incorporação de dados sobre imagens médicas para que não haja problemas de correspondência entre os registos e as imagens dos doentes. Entre as ilegais está a prática de esconder dados fortemente encriptados para evitar os controlos das leis de exportação de criptografia.

A vantagem da esteganografia em relação à criptografia é que a mensagem secreta pretendida não atrai a atenção para si própria como objeto de escrutínio. As mensagens cifradas claramente visíveis, por mais inquebráveis que sejam, suscitam interesse e podem, por si só, ser incriminatórias em países onde a cifragem é ilegal. Assim, enquanto a criptografia é a prática de proteger apenas o conteúdo de uma mensagem, a esteganografia preocupa-se em ocultar o facto de uma mensagem secreta estar a ser enviada, bem como em ocultar o conteúdo da mensagem.

A esteganografia inclui a ocultação de informações em ficheiros de computador. Na esteganografia digital, as comunicações electrónicas podem incluir codificação esteganográfica dentro de uma camada de transporte, como um ficheiro de documento, ficheiro de imagem, programa ou protocolo. Os ficheiros multimédia são ideais para a transmissão esteganográfica devido ao seu grande tamanho. Por exemplo, um remetente pode começar com um ficheiro de imagem inócuo e ajustar a cor de cada centésimo pixel para corresponder a uma letra do alfabeto, uma alteração tão subtil que é improvável que alguém que não esteja especificamente à procura dela se aperceba.

Aplicações da esteganografia Eire Marca de água digital, Impressoras. Nas impressoras modernas, é utilizada a esteganografia. Sempre que um papel é impresso a partir de uma impressora, é impresso no papel um pequeno ponto amarelo que não é visível ao olho humano e que fornece a informação sobre o número de série da impressora, a data e a hora sob a forma codificada. Assim, sempre que uma pessoa ilegal transmite uma ameaça, pode ser facilmente identificada através do ponto amarelo no papel.

A esteganografia é ainda classificada em Esteganografia Linguística e Esteganografia Técnica.

4.1 Esteganografia linguística

A esteganografia linguística é o conjunto de técnicas e métodos que permitem a ocultação de qualquer informação digital em textos com base em conhecimentos linguísticos. Para ocultar o próprio facto de ocultar, o texto que sai deve não só permanecer discreto, ou seja, existir como um texto normal com ortografia, fontes, morfologia, sintaxe, léxico e ordem das palavras que correspondam exteriormente ao seu significado, mas também conservar a coesão semântica e a correção gramatical. É ainda classificado como semagrama ou código aberto.

4.1.1 Códigos abertos

Os códigos abertos escondem uma mensagem numa mensagem portadora legítima de formas que não são óbvias para um observador desprevenido. A mensagem portadora é por vezes designada por comunicação aberta, enquanto a mensagem oculta é a comunicação encoberta. Utiliza linguagens que são compreendidas por um grupo de pessoas, mas que não fazem sentido para outras pessoas. Consiste em warchalking, ou seja, os símbolos utilizados para indicar o tipo e a presença de um sinal de rede sem fios em fase de terminologia, ou uma conversa inocente que transmite um significado especial devido a factos conhecidos apenas pelos intervenientes. Estes códigos são comuns a uma cifra de substituição em vários aspectos, mas em vez de trocarem letras individuais, as próprias palavras são alteradas. Um subconjunto destes códigos são os códigos de sugestão, em que frases específicas pré-arranjadas transmitem um significado. Os códigos de sugestão utilizam uma mensagem portadora possivelmente breve para assinalar a existência de um evento cuja semântica foi previamente organizada.

4.1.2 Semagramas

Os semagramas escondem informações através da utilização de símbolos ou sinais. Os semagramas são ainda classificados em visuais e de texto.

Um semagrama visual utiliza objectos físicos de aparência inocente ou do quotidiano para transmitir uma mensagem, como rabiscos ou o posicionamento de objectos numa secretária ou num sítio Web. O piscar de olhos ou a utilização de objectos de uso quotidiano para transmitir a mensagem secreta.

Um semagrama de texto oculta uma mensagem modificando a aparência do texto portador, como alterações subtis no tamanho da letra ou no tipo de letra, adicionando espaços extra ou diferentes floreios nas letras ou no texto manuscrito.

Um exemplo: No exemplo abaixo, ao verificar a terceira letra de cada palavra, a mensagem armazenada pode ser recuperada.

A pesca nas curvas de água doce e nas costas de água salgada recompensa qualquer pessoa que se sinta stressada. Os pescadores com recursos encontram normalmente diversão nos líderes exímios e admitem que o peixe-espada é esmagador em qualquer dia.

Assim, a mensagem é

"Enviem armas e dinheiro aos advogados"

4.2 Esteganografia técnica

A esteganografia técnica é ainda classificada com base no ficheiro de cobertura, que pode ser texto, áudio, vídeo ou imagem. A esteganografia técnica é a técnica de ocultação de dados em que os dados secretos são armazenados noutro ficheiro multimédia que funciona como ficheiro de cobertura durante a transmissão.

4.2.1 Esteganografia de texto

A esteganografia de texto requer menos memória e permite uma comunicação mais simples. Nesta técnica, utilizamos os espaços em branco entre palavras ou linhas do texto, que podem ser alterados numa quantidade muito pequena, que não pode ser detectada pelo olho humano para representar 1 ou 0. Neste espaçamento pode ser feito entre palavras, linhas ou letras, o que significa que os dados podem ser armazenados em formato binário com uma variação muito pequena do espaçamento de cerca de 1/300 do espaçamento original adicionado entre palavras ou linhas do texto. Assim, a variação numa quantidade muito pequena não pode ser identificada pelo olho humano. Assim, os dados podem ser transmitidos sem serem detectados pelo olho humano. Só podem ser detectados por um verificador de espaçamento para obter os dados ou a deteção de dados.

4.2.2 Esteganografia de áudio

Na esteganografia áudio, o sinal áudio é objeto de amostragem e quantização. Em geral, o formato mais preferido para a esteganografia é o ficheiro .wav, uma vez que tem uma elevada qualidade de áudio e não há perda de dados. Técnica LSB: a posição LSB é alterada com base na mensagem a transmitir a partir de um valor de 16 bits.

Os bits de paridade armazenam a mensagem e, com base no valor de paridade, o bit LSB do áudio é alterado, o que se designa por codificação de paridade. Por vezes, há uma mudança de fase no sinal áudio com base na entrada 0 ou 1, o que se designa por codificação de fase.

Na técnica de espalhamento espetral, a mensagem secreta é espalhada pelo espetro de frequência do sinal de áudio. A técnica de ocultação de eco introduz informações secretas através da introdução de um eco no sinal de áudio discreto. Para esconder com êxito a mensagem secreta, é necessário alterar três parâmetros do eco. São eles a amplitude, a taxa de decaimento e o desvio ou tempo de atraso em relação ao sinal original. Como todos os três parâmetros são definidos abaixo do limite do limiar audível humano, o eco não pode ser facilmente resolvido. Além disso, o deslocamento é alterado para representar a mensagem binária a ser escondida. O primeiro valor de desvio representa um binário um, e o segundo valor de desvio representa um binário zero. Se apenas um eco fosse produzido a partir do sinal original, apenas um bit de informação secreta poderia ser codificado. Por isso, antes de iniciar o processo de codificação, o sinal original é dividido em blocos. Uma vez terminado o processo de codificação, todos os blocos são concatenados de novo para criar o sinal final.

4.2.3 Esteganografia de imagens

Uma imagem é um artefacto que representa a perceção visual. Uma imagem digital é uma representação numérica (normalmente binária) de uma imagem bidimensional. Dependendo do facto de a resolução da imagem ser fixa, pode ser de tipo vetorial ou raster. Por si só, o termo "imagem digital" refere-se normalmente a imagens rasterizadas ou a imagens em mapa de bits. As imagens rasterizadas têm um conjunto finito de valores digitais, denominados elementos de imagem ou pixéis. A imagem digital contém um número fixo de linhas e colunas de pixéis. Os pixéis são o elemento individual mais pequeno de uma imagem, contendo valores antiquados que representam o brilho de uma determinada cor num ponto específico. Normalmente, os pixels são armazenados na memória do computador como uma imagem raster ou mapa raster, uma matriz bidimensional de pequenos números inteiros. Estes valores são frequentemente transmitidos ou armazenados de forma comprimida. Os formatos de ficheiros de imagem são meios normalizados de organização e armazenamento de imagens digitais. Os ficheiros de imagem são compostos por dados digitais num destes formatos que podem ser rasterizados para utilização num ecrã de computador ou numa impressora. Um formato de ficheiro de imagem pode armazenar dados em formatos não comprimidos, comprimidos ou vectoriais. Uma vez rasterizada, uma imagem torna-se uma grelha de pixels, cada um dos quais com um número de bits para designar a sua cor igual à profundidade de cor do dispositivo que a apresenta. O tamanho dos ficheiros de imagens rasterizadas está positivamente correlacionado com a resolução e o tamanho das imagens (número de pixéis) e a profundidade da cor (bits por pixel). Tipos de formatos de imagem:

JPEG (Joint Photographic Experts Group): É um método de compressão com perdas; as imagens comprimidas em JPEG são normalmente armazenadas no formato de ficheiro JFIF (JPEG File Interchange Format). A extensão do nome de ficheiro JPEG/JFIF é JPG ou JPEG. Quase todas as câmaras digitais podem guardar imagens no formato JPEG/JFIF, que suporta imagens a cinzento de oito bits e imagens a cores de 24 bits (oito bits para vermelho, verde e azul). O JPEG aplica uma compressão com perdas às imagens, o que pode resultar numa redução significativa do tamanho do ficheiro. As aplicações podem determinar o grau de compressão a aplicar, e a quantidade de compressão afecta a qualidade visual do resultado. Quando não é demasiado grande, a compressão não afecta nem prejudica visivelmente a qualidade da imagem, mas os ficheiros JPEG sofrem uma degradação geracional quando são editados e guardados repetidamente. O JPEG utiliza uma forma de compressão com perdas baseada na transformada discreta de cosseno (DCT).

BMP: O formato de ficheiro BMP, também conhecido como ficheiro de imagem de mapa de bits ou formato de ficheiro de mapa de bits independente do dispositivo (DIB) ou simplesmente mapa de bits, é um formato de ficheiro de imagem gráfica rasterizado utilizado para armazenar imagens digitais de mapa de bits, independentemente do dispositivo de visualização (como um adaptador gráfico), especialmente no Microsoft Windows e no OS (sistemas operativos). Normalmente, os ficheiros BMP são descomprimidos e, por conseguinte, grandes e sem perdas; a sua vantagem é a estrutura simples e a ampla aceitação em programas Windows. O formato de ficheiro BMP é capaz de armazenar imagens digitais bidimensionais, tanto monocromáticas como a cores, em várias profundidades de cor e, opcionalmente, com compressão de dados, canais alfa e perfis de cor. A especificação Windows Metafile (WMF) abrange o formato de ficheiro BMP. Num ficheiro de imagem bitmap num disco ou numa imagem bitmap na memória, os pixels podem ser definidos por um número variável de bits.

- O formato de 1 bit por pixel (Ibpp) suporta 2 cores distintas (por exemplo, preto e branco). Os valores de pixel são armazenados em cada bit, com o primeiro pixel (mais à esquerda) no bit mais significativo do primeiro byte. Cada bit é um índice numa tabela de 2 cores. Um bit não definido refere-se à primeira entrada da tabela de cores, e um bit definido refere-se à última (segunda) entrada da tabela de cores.
- O formato de 2 bits por pixel (2bpp) suporta 4 cores distintas e armazena 4 pixels por 1 byte,

estando o pixel mais à esquerda nos dois bits mais significativos. Cada valor de pixel é um índice de 2 bits numa tabela com um máximo de 4 cores.

- O formato de 4 bits por pixel (4bpp) suporta 16 cores distintas e armazena 2 pixels por 1 byte, estando o pixel mais à esquerda no nibble mais significativo. Cada valor de pixel é um índice de 4 bits numa tabela com um máximo de 16 cores.
- O formato de 8 bits por pixel (8bpp) suporta 256 cores distintas e armazena 1 pixel por 1 byte. Cada byte é um índice numa tabela com um máximo de 256 cores.
- O formato de 16 bits por pixel (16bpp) suporta 65536 cores distintas e armazena 1 pixel por WORD de 2 bytes. Cada WORD pode definir as amostras alfa, vermelha, verde e azul do pixel. Em que 5 bits são atribuídos ao vermelho, verde e azul e 1 bit ao alfa. Por vezes, são atribuídos % bits a vermelho e azul e 6 bits a verde, uma vez que a variação da cor verde pode ser facilmente identificada pelo olho humano.
- O formato de píxeis de 24 bits (24bpp) suporta 16.777.216 cores distintas e armazena um valor de píxel por cada 3 bytes. Cada valor de pixel define as amostras de vermelho, verde e azul do pixel.
- O formato de 32 bits por pixel (32bpp) suporta 4.294.967.296 cores distintas e armazena 1 pixel por DWORD de 4 bytes. Cada DWORD pode definir as amostras alfa, vermelha, verde e azul do pixel. Neste caso, 9 bits para o azul, 8 bits para o vermelho, 7 bits para o verde e 5 bits para o alfa, ficando os restantes bits à esquerda.

GIF: O Graphics Interchange Format é um formato de imagem bitmap que foi desenvolvido pelo escritor de software norte-americano Steve Wilhite enquanto trabalhava no fornecedor de serviços de Internet CompuServe em 1987 e que, desde então, passou a ser amplamente utilizado na World Wide Web devido ao seu amplo suporte e portabilidade. O formato suporta até 8 bits por pixel para cada imagem, permitindo que uma única imagem faça referência à sua própria paleta de até 256 cores diferentes escolhidas a partir do espaço de cores RGB de 24 bits. Também suporta animações e permite uma paleta separada de até 256 cores para cada fotograma. Estas limitações de paleta tornam o formato GIF menos adequado para reproduzir fotografias a cores e outras imagens com cor contínua, mas é adequado para imagens mais simples, como gráficos ou logótipos com áreas de cor sólida. As imagens GIF são comprimidas utilizando a técnica de compressão de dados sem perdas Lempel-Ziv-Welch (LZW) para reduzir o tamanho do ficheiro sem degradar a qualidade visual. Esta técnica de compressão foi patenteada em 1985. A controvérsia sobre o acordo de licenciamento entre o detentor da patente do software, a Unisys, e a CompuServe, em 1994, estimulou o desenvolvimento da norma Portable Network Graphics (PNG). Em 2004, todas as patentes relevantes tinham expirado.

PNG: Portable Network Graphics é um formato de ficheiro de gráficos raster que suporta a compressão de dados sem perdas. O PNG foi criado como um substituto melhorado e não patenteado do Graphics Interchange Format (GIF) e é o formato de compressão de imagem sem perdas mais utilizado na Internet. O PNG suporta imagens baseadas em paletas (com paletas de cores RGB de 24 bits ou RGBA de 32 bits), imagens em escala de cinzentos (com ou sem um canal alfa para transparência) e imagens RGB/RGBA não baseadas em paletas e a cores (com ou sem canal alfa). O PNG foi concebido para a transferência de imagens na Internet e não para gráficos de impressão de qualidade profissional, pelo que não suporta espaços de cor não RGB, como CMYK. Um ficheiro PNG contém uma única imagem numa estrutura extensível de "pedaços", codificando os pixels básicos e outras informações, como comentários textuais e verificações de integridade. O PNG utiliza um processo de compressão em duas fases: pré-compressão: filtragem (previsão), compressão: DEFLATE. O PNG utiliza um método de compressão de dados sem perdas não patenteado conhecido como DEFLATE, que é o mesmo algoritmo utilizado na biblioteca de compressão Zlib. Em comparação com os formatos com compressão com perdas, como o JPG, a escolha de uma definição de compressão superior à média atrasará o processamento, mas muitas vezes não resultará num tamanho de ficheiro significativamente mais pequeno.

TIFF: O Tagged Image File Format (TIFF) é um formato que incorpora uma gama extremamente vasta de opções. Embora isto torne o TIFF útil como formato genérico para intercâmbio entre aplicações profissionais de edição de imagem, torna a adição de suporte a aplicações uma tarefa muito maior, pelo que tem pouco suporte em aplicações não relacionadas com a manipulação de imagens (como os navegadores Web). O elevado nível de extensibilidade também significa que a maioria das aplicações apenas fornece um subconjunto de funcionalidades possíveis, criando potencialmente confusão para o utilizador e problemas de compatibilidade. O algoritmo de compressão sem perdas de uso geral mais comum utilizado com o TIFF é o Lempel-Ziv-Welch (LZW). O TIFF é um formato de ficheiro flexível e adaptável para tratar imagens e dados num único ficheiro.

HD: Hierarchical Data Format é um conjunto de formatos de ficheiros concebidos para armazenar e organizar uma grande quantidade de dados. Foi originalmente desenvolvido no Centro Nacional de Aplicações de Supercomputação.

PPM: O Portable Pixel Map é uma parte do Netpbm. O formato PPM é um formato de ficheiro de imagem a cores com o menor denominador comum. Deve-se notar que este formato é extremamente ineficiente. É altamente redundante e contém muita informação que o olho humano nem sequer consegue discernir. Além disso, o formato permite muito pouca informação sobre a imagem para além da cor básica, o que significa que poderá ter de juntar um ficheiro neste formato com outra informação independente para obter uma utilização decente do mesmo. No entanto, é muito fácil escrever e analisar programas para processar este formato, e é esse o objetivo. Deve também notar-se que os ficheiros estão frequentemente em conformidade com este formato em todos os aspectos, exceto na semântica precisa dos valores de amostra. Estes ficheiros são úteis devido à forma como o PPM é utilizado como formato intermediário. São informalmente designados por ficheiros PPM, mas para ser absolutamente preciso, deve indicar a variação em relação ao verdadeiro PPM.

RAS: O Sun Raster era um formato de ficheiro de gráficos raster utilizado no SunOS pela Sun

Microsystems. O formato não tem um tipo MIME.

PBM: Portable Bit Map é uma parte do Netpbm. O formato PBM é um formato de ficheiro monocromático de denominador comum mínimo. Serve como a linguagem comum de uma grande família de filtros de conversão de imagens bitmap. Como o formato não tem em conta a eficiência, é suficientemente simples e geral para que se possam desenvolver facilmente programas para converter de e para qualquer outro formato gráfico ou para manipular a imagem.

PGM: Portable Gray Map é uma parte do Netpbm. O formato PGM é um formato de ficheiro de escala de cinzentos de denominador comum mais baixo. Foi concebido para ser extremamente fácil de aprender e escrever um programa. Uma imagem PGM representa uma imagem gráfica em tons de cinzento. Existem muitos formatos pseudo-PGM em utilização em que tudo é como aqui especificado, exceto o significado dos valores individuais de pixel. Para a maioria dos propósitos, uma imagem PGM pode ser pensada como uma matriz de números inteiros arbitrários, e todos os programas do mundo que pensam que estão a processar uma imagem em escala de cinzentos podem ser facilmente enganados para processar outra coisa.

PNM: Portable Any Map é apenas uma abstração de PBM, PNM e PGM.

ICO: O formato de ficheiro ICO é um formato de ficheiro de imagem para ícones de computador no Microsoft Windows. Os ficheiros ICO contêm uma ou mais imagens pequenas em vários tamanhos e profundidades de cor, de modo a poderem ser escalados adequadamente. No Windows, todos os executáveis que apresentem um ícone ao utilizador, no ambiente de trabalho, no menu Iniciar ou no Explorador do Windows, têm de ter o ícone no formato ICO.

Com base na aplicação, qualquer um dos formatos de imagem acima referidos pode ser utilizado para a esteganografia de imagens. O JPEG é uma compressão com perdas, sempre que os dados são armazenados em JPEG, existe a possibilidade de perda de dados. Por conseguinte, o JPEG não é adequado para a técnica de inserção dos três bits menos significativos. O formato BMP não tem qualquer compressão. Por conseguinte, pode ser utilizado o formato BMP. O PNG é uma técnica de compressão sem perdas. Assim, os dados não se perdem, mas o tamanho da imagem é reduzido. Assim, o formato PNG pode ser utilizado para esteganografia. Os outros formatos que suportam a técnica são TIFF, HDF, PPM e RAS. Os formatos como o GIF não podem ser utilizados porque são de 8 bits.

A esteganografia de imagens é a técnica em que uma mensagem ou ficheiro secreto é armazenado numa imagem, de modo a que esta não seja alterada. A imagem é formada por diferentes pixéis. O pixel é um elemento endereçável mais pequeno. Cada pixel é uma amostra de uma imagem original. Quanto maior for o número de pixéis, maior será a precisão da imagem. O número de cores distintas que podem ser representadas por um pixel depende do número de bits por pixel (bpp). Uma imagem de 1 bpp utiliza 1 bit para cada pixel, pelo que cada pixel pode estar ligado ou desligado. Cada bit adicional duplica o número de cores disponíveis, pelo que uma imagem de 2 bpp pode ter 4 cores e uma imagem de 3 bpp pode ter 8 cores. A cor alta, que geralmente significa 16 bpp, tem normalmente cinco bits para o vermelho e o azul e seis bits para o verde, uma vez que o olho humano é mais sensível a erros no verde do que nas outras duas cores primárias. Para aplicações que envolvam transparência, os 16 bits podem ser divididos em cinco bits de vermelho, verde e azul, restando um bit para a transparência. Uma profundidade de 24 bits permite 8 bits por componente. Em alguns sistemas, está disponível uma profundidade de 32 bits, o que significa que cada pixel de 24 bits tem 8 bits adicionais para descrever a sua opacidade.

4.2.4 Esteganografia de vídeo

Um vídeo é uma combinação de imagem e áudio. Um vídeo é reproduzido a 16 fotogramas por segundo para obter uma imagem em movimento confortável. A separação do vídeo em áudio e imagens ou fotogramas resulta num método eficaz de ocultação de dados. A utilização de ficheiros de vídeo como meio de transporte para a esteganografia é mais elegível do que outras técnicas. Na esteganografia de vídeo, em primeiro lugar, os fotogramas são separados e é selecionado um fotograma específico. Neste quadro, os dados são armazenados e os quadros são reunidos e transmitidos. A alteração do ficheiro de vídeo é significativamente mais difícil de detetar pelo sistema visual humano, uma vez que os fotogramas são apresentados no ecrã a uma velocidade extremamente rápida. Além disso, uma vez que os fotogramas de vídeo não são imagens nítidas ou nítidas, as variações na cor dos pixéis induzidas pela esteganografia misturar-se-ão muito facilmente no fotograma. A utilização da esteganografia baseada em vídeo pode ser mais elegível do que outros ficheiros multimédia, devido ao seu tamanho e aos requisitos de memória. O vídeo tem dois componentes: um fluxo de áudio e um fluxo de imagem. Por conseguinte, a maior parte das técnicas existentes para imagens e áudio também pode ser aplicada a ficheiros de vídeo.

Caraterísticas da esteganografia de imagens:

Transparência: A esteganografia não deve afetar a qualidade da imagem original após a esteganografia. A modulação do ruído ou a distorção da imagem de cobertura não devem ocorrer. A imagem de cobertura e a imagem Stego devem ser semelhantes, sem grandes variações. A força de qualquer técnica reside na transparência da técnica ou na capacidade de a mensagem passar despercebida ao olho humano.

Robustez: É a capacidade de os dados ocultos permanecerem intactos mesmo que a imagem de cobertura tenha poucas modulações. Por vezes, a esteganografia pode ser intencionalmente removida através do ajuste dos níveis de contraste ou de brilho da imagem. A mensagem oculta não deve ser alterada independentemente de tais ataques.

Carga útil ou capacidade de dados: A capacidade de incorporar uma mensagem mais longa. A esteganografia de imagens deve ter capacidade suficiente para armazenar uma mensagem. A carga útil de dados ou capacidade significa o comprimento da mensagem que pode ser armazenada sem ser detectada e recuperada com êxito a partir da imagem.

O tamanho do ficheiro de imagem não deve ser anormal, o que pode criar suspeitas na outra pessoa, que pode saber que alguns dados estão armazenados na imagem. Por conseguinte, o tamanho do ficheiro e o formato não devem ser suspeitos.

Independente: Se o formato da imagem for sempre o mesmo, o terceiro pode ter dúvidas quanto à esteganografia. Assim, o formato do ficheiro deve ser alterado após cada imagem. Por isso, é necessário que a técnica possa ser aplicada a vários formatos de imagem disponíveis na Internet.

As técnicas de esteganografia de imagens podem ser divididas em 2 técnicas: Técnicas de domínio de frequência ou de transformação e técnicas de domínio espacial.

4.3 Esteganografia de imagens no domínio espacial

As técnicas de domínio espacial utilizam diretamente os níveis de cinzento dos pixels e os seus valores de cor para codificar os bits da mensagem. Estas técnicas são alguns dos esquemas mais simples em termos de complexidade de incorporação e extração. O principal inconveniente destes métodos é a quantidade de ruído aditivo que se insinua na imagem, o que afecta diretamente a relação sinal/ruído de pico e as propriedades estatísticas da imagem.

Uma imagem digital é uma matriz de números que representam intensidades de luz em vários pontos ou pixéis. As imagens digitais de computador podem ser normalmente armazenadas como ficheiros de 24 bits (RGB) ou de 8 bits (escala de cinzentos). Um ficheiro de 24 bits pode ser bastante grande, mas oferece mais espaço para esconder informação. Como todas as cores são essencialmente uma combinação de três cores primárias: vermelho, verde e azul. Cada cor primária é representada por um byte, ou seja, cada pixel representa uma combinação de (R, G, B).

BIT POSITIONS	% CHANGE IN COLOUR
1	0.39%
2	0.78%
3	1.57%
4	3.13%
5	6.27%
6	12.55%
7	25.01%
8	50.1%

Tabela 4.1: A % de alteração da cor com base numa alteração da posição dos bits.

4.4.1 Inserção LSB

Nesta técnica, armazenamos os dados na posição LSB se cada cor armazenar 3 bits por pixel e, por conseguinte, para armazenar um byte de dados são necessários 3 pixéis. Nesta técnica, o PSNR, ou seja, o rácio sinal/ruído de pico, é elevado porque não há grandes alterações nos valores dos pixels.

Nesta técnica, o bit menos significativo é alterado independentemente dos dados presentes.

Tomando, por exemplo, para armazenar o byte de dados 'B' em três pixéis, sendo os seus valores iniciais

11011011 10101010 00010011	219 170 19	Gold
11110001 11001100 11111111	241 204 255	Lavender
00000000 00000111 10000111	0 7 135	Dark blue

Tomando estes três pixéis com as cores dourada, lavanda e azul escuro. Armazenar B significa que o valor ASCII é 66, o que pode ser escrito como 01000010. Assim, armazenando estes bytes nos 3 pixéis acima, obtemos

11011010 10101011 00010010	218 171 18	Gold
11110000 11001100 11111110	240 204 254	Lavender
00000001 00000111 10000110	1 7 134	Dark blue

Assim, um byte de dados é completamente armazenado em três pixéis com a alteração de muito poucos bits. Se observarmos acima, não há variação na cor mesmo após a mudança em poucos bits, as cores são Ouro, Lavanda e Azul escuro.

Suponhamos que armazenando ou inserindo os dados na posição MSB, então

01011011 10101010 00010011	91 170 19	Dark green
01110001 01001100 01111111	113 76 127	Purple
10000000 00000111 00000111	128 7 7	Dark red

Se observarmos as cores acima mencionadas, veremos que são verde escuro, roxo e vermelho escuro. A cor dourada, que é um tom de amarelo, é alterada para verde escuro. Assim, há uma alteração significativa das cores, uma vez que há uma alteração em três pixéis diferentes, a alteração é significativa e pode ser detectada pelo olho humano.

4.4.2 Indicador de pixéis

A técnica do indicador de pixel é a técnica em que utilizamos as cores vermelho, verde e azul numa ordem sequencial para armazenar os dados. Por exemplo, para o primeiro pixel, o vermelho é o canal indicador, o verde é o canal 1 e o azul é o canal 2. Para o segundo pixel, o verde é o canal indicador, o azul é o canal 1 e o vermelho é o canal 2. Para o terceiro pixel, o azul é o canal indicador, o vermelho é o canal 1 e o verde é o canal 2. Nesta técnica, a ordem pode ser alterada aleatoriamente e armazenar os dados. Nesta técnica, os canais 1 e 2 armazenam os dados e o canal indicador indica em que canal os dados são armazenados. Quando os dois bits menos significativos do canal indicador são 00, não são armazenados dados em ambos os canais. Quando os dois bits menos significativos do canal indicador são 11, os dados são armazenados em ambos os canais. Sempre que os dois bits menos significativos do canal indicador forem 01, os dados são armazenados apenas no canal 1. Quando os dois bits menos significativos do canal indicador são 10, os dados são armazenados apenas no canal 2. Com base nisto, podemos armazenar os dados e transmiti-los através de uma imagem.

4.4.3 Diferenciador de pixéis

A técnica de diferença de pixéis é a técnica em que a mensagem é escondida independentemente dos pixéis da mensagem. Nos valores dos píxeis, sempre que não há alteração no primeiro e no segundo bits, os dados são 0, caso contrário o bit armazenado é 1. Com base nisto, altera-se o primeiro bit. Utilizando esta técnica, podemos armazenar dados até 12 bits em cada pixel. Assim, 1 byte de dados pode ser facilmente armazenado alterando o 1º, 3º e 5º bits da cor vermelha e azul, o 1º e 3º bits da cor verde.

4.4 Esteganografia de imagens no domínio da transformação

As técnicas do domínio da frequência ou da transformação são ainda classificadas em 3 tipos: Transformada discreta de Fourier, transformada discreta de cosseno e transformada discreta de Wavelet. As técnicas de transformação ou de domínio da frequência baseiam-se na manipulação da transformação ortogonal da imagem e não da própria imagem. Estas técnicas são adequadas para processar a imagem de acordo com o conteúdo de frequência. A transformada ortogonal da imagem é constituída por dois componentes: magnitude e fase. A magnitude contém o conteúdo de frequência da imagem. A fase restaura a imagem de volta ao domínio espacial. O domínio de frequência habitual permite a operação no conteúdo de frequência da imagem e, por conseguinte, o conteúdo de alta frequência, como os bordos e outras informações atenuadas, pode ser facilmente melhorado.

4.4.1 Transformada discreta de Fourier (DFT)

A Transformada de Fourier é uma importante ferramenta de processamento de imagem que é utilizada para decompor uma imagem nos seus componentes de seno e cosseno. A saída da transformação representa a imagem no domínio de Fourier ou de frequência, enquanto a imagem de entrada é o equivalente no domínio espacial. Na imagem no domínio de Fourier, cada ponto representa uma frequência específica contida na imagem no domínio espacial. A transformada de Fourier é utilizada numa vasta gama de aplicações, como a análise de imagens, a filtragem de imagens, a reconstrução de imagens e a compressão de imagens.

A DFT transforma um sinal de entrada de N pontos em dois sinais de saída de pontos. O sinal de entrada contém o sinal N/2 -1 que está a ser decomposto, enquanto os dois sinais de saída contêm as amplitudes das ondas senoidais e cossenoidais componentes. Diz-se que o sinal de entrada está no domínio do tempo. Isto deve-se ao facto de o tipo mais comum de sinal que entra na Transformação Discreta de Fourier (DFT) ser composto por amostras recolhidas em intervalos regulares de tempo. Qualquer tipo de dados amostrados pode ser introduzido na DFT, independentemente da forma como foi adquirido. O sinal no domínio da frequência é representado por um vetor F[u,v], e consiste em duas partes, para cada uma das amostras. Estas são chamadas a parte real de F[u,v], escrita como ReF[u,v], e a parte imaginária de

F[u,v], escrita como ImF[u,v]. Na amostra, "parte real" significa as amplitudes da onda cosseno, enquanto "parte imaginária" significa as amplitudes da onda senoidal.

4.4.2 Transformada discreta do cosseno (DCT)

A DCT é uma abordagem para transformar um sinal em componentes de frequência elementares. Apresenta uma imagem como uma soma de sinusóides de frequências e magnitudes variáveis. Uma transformada discreta de cosseno (DCT) expressa uma sequência finita de pontos de dados em termos de uma soma de funções de cosseno que oscilam em diferentes frequências. As DCTs são importantes para numerosas aplicações na ciência e na engenharia, desde a compressão com perdas de áudio (por exemplo, MP3) e imagens (por exemplo, JPEG) (em que pequenos componentes de alta frequência podem ser descartados) até métodos espectrais para a solução numérica de equações diferenciais parciais. A utilização de funções cosseno em vez de funções seno é fundamental para a compressão, uma vez que se verifica (como descrito abaixo) que são necessárias menos funções cosseno para aproximar um sinal típico, enquanto que para as equações diferenciais os cossenos exprimem uma escolha particular de condições de fronteira.

Em particular, uma DCT é uma transformada de Fourier semelhante à transformada discreta de Fourier (DFT), mas utilizando apenas números reais. As DCTs estão geralmente relacionadas com os coeficientes da série de Fourier de uma sequência estendida periódica e simetricamente, enquanto as DFTs estão relacionadas com os coeficientes da série de Fourier de uma sequência estendida periodicamente.

4.4.3 Transformada de Wavelet Discreta (DWT)

As wavelets são funções matemáticas que dividem os dados em diferentes componentes de frequência e, em seguida, estudam cada componente com uma resolução correspondente à sua escala. Na técnica DWT, uma imagem é dividida em quatro partes, chamadas wavelets. Estas 4 wavelets podem ser obtidas através da aplicação de filtros às coordenadas x e y. Quando se aplica um filtro passa-baixo às coordenadas x e y, obtém-se uma LL que é sensível ao olho humano e, por conseguinte, contém informação útil. Quando o filtro passa-alto é aplicado a uma coordenada e o passa-baixo a outra coordenada, obtém-se LH e HL. Quando o filtro passa-alto é aplicado a ambas as coordenadas da imagem, obtém-se HH. A informação secreta é armazenada nas outras partes da imagem e, por conseguinte, a mensagem é escondida na imagem.

4.5 Medição da qualidade Parâmetros

Para avaliar a qualidade da imagem estégica, existem diferentes parâmetros. Alguns deles são apresentados de seguida

4.5.1 Diferença média (AD)

A diferença média é simplesmente a média da diferença entre a imagem de proteção e a imagem de stego.

$$AD = \frac{\sum_{i=1}^{m}\sum_{j=1}^{n}\sum_{k=1}^{3}(cover\ image - stego\ image)}{3 \times m \times n}$$

4.5.2 Índice de Similaridade Estrutural (SSIM)

O índice de semelhança estrutural é um método para medir a semelhança entre duas imagens. O índice SSIM é uma métrica de referência completa, ou seja, a medição da qualidade da imagem com base numa imagem inicial não comprimida ou sem distorção como referência. Compara duas imagens utilizando informações sobre luminosidade, contraste e estrutura. A métrica SSIM foi concebida para melhorar os métodos tradicionais, como o PSNR e o MSE, e é calculada em várias janelas de uma imagem.

4.5.3 Erro quadrático médio (MSE)

É definido como o quadrado do erro entre a imagem de cobertura e a imagem de proteção (stego). A distorção da imagem pode ser medida utilizando o MSE. É sempre não-negativo e os valores mais próximos de zero são melhores. Para encontrar o MSE, encontre a diferença entre a imagem de cobertura e a imagem stego em cada pixel. Em seguida, calcula a soma dos quadrados destas diferenças e divide-a pelo tamanho da imagem. Um problema com o erro quadrático médio é o facto de este depender fortemente da escala de intensidade da imagem. Um erro médio quadrático de 100,0 para uma imagem de 8 bits (com valores de pixel na gama de 0-255) parece terrível, mas um MSE de 100,0 para uma imagem de 1 O-bit (valores de pixel na gama de 0-1023) é quase impercetível.

$$MSE = \frac{\sum_{i=1}^{m}\sum_{j=1}^{n}\sum_{k=1}^{3}(cover\ image - stego\ image)^2}{3 \times m \times n}$$

Em que o tamanho da imagem é m X n.

Como a imagem é uma imagem de 24 bits, multiplicamos o tamanho por 3 e um somatório de 1 a 3.

4.5. 4Razão sinal/ruído de pico (PSNR)

É a medida da qualidade da imagem através da comparação da imagem de cobertura com a imagem stego, ou seja, mede a percentagem dos dados stego em relação à percentagem da imagem. A PSNR é medida em decibéis (dB). A medida PSNR também não é ideal, mas é de uso comum. A sua principal falha é o facto de a intensidade do sinal ser estimada utilizando S^2 , em vez da intensidade real do sinal para a imagem. A PSNR é uma boa medida para comparar resultados de restauro para a mesma imagem, mas as comparações entre imagens da PSNR não têm significado. Uma imagem com 20 dB de PSNR pode parecer muito melhor do que outra imagem com 30 dB de PSNR.

$$PSNR = 10\log_{10}\frac{S^2}{MSE}$$

Onde S é o valor máximo do pixel, que é 255 para uma imagem de 24 bits. MSE é o erro quadrático médio.

CAPÍTULO 5

SISTEMA PROPOSTO

Este sistema tem como objetivo manter uma transferência segura do texto e ter uma comunicação fiável entre duas partes, onde tentamos garantir que os dados que enviamos não são propensos a atacantes que tentam aceder à informação confidencial. Aqui neste projeto, a mensagem a ser enviada é em "texto".

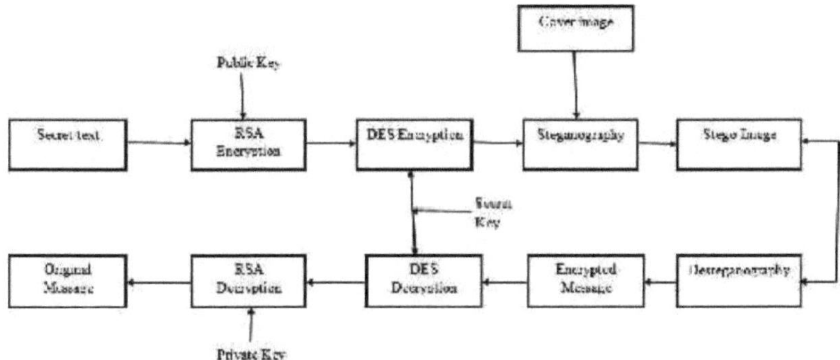

Fig 5.1 Diagrama de blocos do sistema proposto

A mensagem que é confidencial e deve ser transmitida a outra parte privilegiada, que é legalmente elegível para receber os dados e essa mensagem aqui, é considerada como "mensagem secreta". Assim, aqui a mensagem a enviar é armazenada no formato ".txt". Agora, se a informação for enviada através do meio sem qualquer proteção através de qualquer ligação de comunicação, só levará a que a informação acabe nas mãos de terceiros, que não se destinam a ter acesso à informação. Por conseguinte, é necessária uma cifragem, em que a informação não é enviada através da ligação nua, ou seja, num formato legível que qualquer pessoa possa compreender facilmente sem qualquer esforço. Assim, as técnicas de encriptação de dados ajudam a tornar os dados obscuros, num formato que não é facilmente compreendido. São necessários esforços para os desencriptar sem o conhecimento do procedimento real. Agora, se houver duas camadas de encriptação, a probabilidade de desencriptar a informação de um formato ininteligível para um legível é bastante elevada.

baixo e, em alguns casos, pode dizer-se que é insignificante devido às medidas tomadas e às técnicas utilizadas no processo de encriptação.

O passo seguinte, depois de ter a mensagem secreta, é o primeiro nível de encriptação, em que a mensagem é encriptada pelo algoritmo RSA. Este algoritmo utiliza o conceito de "chave assimétrica", o que o torna único em relação a outras técnicas de encriptação. Assim, em primeiro lugar, a mensagem é recolhida, estando em formato de texto, ou seja, contém sequências de palavras que contêm alfabetos.

Para as encriptar, têm de ser convertidas em formato binário para que possam ser encriptadas; agora são convertidas em formato binário tendo em conta os seus valores ASCII que convertem o texto em formato decimal, que pode ser facilmente convertido em formato binário. Quando a mensagem total estiver no formato decimal, é necessário selecionar os valores p e q como parte do algoritmo que ajuda a encontrar as chaves. Estes valores p e q devem ser selecionados de modo a que o produto destes dois números se situe no intervalo de 128 a 255. Os caracteres que são utilizados para escrever uma mensagem de texto são os que estão presentes no teclado, pelo que os valores ASCII dos caracteres que estão no teclado estão compreendidos entre 1 e 127, incluindo os valores de espaço, enter, nova linha, retorno de carro, etc. 255 porque estamos a utilizar apenas 8 bits para armazenar um carácter e não pode ser expandido mais porque a expansão aumenta o erro na imagem. Quando isto é assegurado e os valores p e q são selecionados, as chaves pública e privada são geradas seguindo uma série de passos matemáticos interligados. Obtemos então a mensagem que está encriptada pelo primeiro nível de encriptação.

Uma vez concluído o primeiro nível de encriptação, é enviado através de outro nível de encriptação para uma transmissão mais segura, de modo a reduzir a probabilidade de desencriptação ilegal. No segundo nível de encriptação, é seguido o algoritmo DES, que utiliza o conceito de "chave simétrica". Como o próprio nome indica, utiliza uma única chave ou a mesma chave para a encriptação e a desencriptação. Para melhorar a qualidade do algoritmo e da chave, é utilizada uma sequência aleatória de pseudo-ruído (PN) como chave. Isto aumenta a força da chave, tornando impossível a sua adivinhação por terceiros. A sequência PN aleatória é gerada através de "registos de deslocamento de retorno", que devem ter 64 bits de acordo com o algoritmo DES. A chave tem 64 bits e, para a iterar com a mensagem, esta também deve ter o mesmo comprimento. Assim, a mensagem, que é o resultado da camada anterior de encriptação, é agora dividida em blocos, cada um contendo 64 bits ou 8 bytes de dados. De acordo com o algoritmo, cada bloco da mensagem deve ser iterado 16 vezes com um conjunto de 16 chaves, que são obtidas por um deslocamento circular da sequência PN gerada aleatoriamente. Uma vez iterados 16 vezes com as chaves, o mesmo é efectuado para outros blocos se a mensagem exceder 8 bytes. Os outros blocos são também iterados da mesma forma e concatenados no final para obter a mensagem cifrada completa. Depois disto, a mensagem terá dois níveis de encriptação.

O passo seguinte do processo é o cerne da ideia proposta, ou seja, o objetivo de assegurar a ideia de que a mensagem está a ser transmitida, isto é, camuflar a mensagem com uma imagem, o que é feito através da esteganografia de imagens. Esta é uma técnica em que a mensagem é escondida numa imagem. Para isso, os valores binários da mensagem a enviar são armazenados nos bits inferiores dos pixéis da imagem a camuflar. A imagem após a incorporação dos dados é designada por "imagem Stego". Neste caso, são utilizados bits inferiores em vez de bits superiores, porque a probabilidade de a cor do pixel ser alterada é muito menor para os bits inferiores do pixel do que para os bits superiores.

Aplicando esta técnica, podemos armazenar 1 byte por pixel. Se armazenarmos 1 byte por pixel, o comprimento dos dados que podem ser armazenados pode ser aumentado. Para o demonstrar, tomemos como exemplo o armazenamento dos dados "T" na cor com o valor de pixel (191,70,200), que é a cor púrpura. O valor ASCII de 'T' é 84, que é 01010100.

10111111 01000110 11001000 é 191 70 200

Inserindo os dados T na cor acima, obtemos

10111010 01000101 11001000 que é 186 69 200 que continua a ser a cor da púrpura.

Suponhamos que, se utilizarmos a substituição dos mesmos 3 bits mais significativos, a mudança na cor será maior para o mesmo exemplo de Substituição dos três bits mais significativos

01011111 10100110 00001000 que é 95 166 8.

A cor com estes valores de pixéis é verde escuro.

Outro exemplo para explicar o que foi dito acima

Tomando os valores de pixel como (76,105,33), que é a cor verde escura, para inserir os dados "z". O valor ASCII de 'z' é 122

64 pode ser escrito como 01111010 e as cores como

01001100 01101001 00100001 é 76 105 33

Inserindo os dados no pixel acima, obtemos

01001011 01101110 00100010_que é 75 110 34

A cor do pixel acima mencionado é verde escuro. Agora, ao inserir os dados nos três bits mais significativos, obtemos

01101100 11001001 WlOOOOl que é 108 201 161

A cor do pixel acima mencionado é verde. Assim, com os exemplos acima, podemos dizer que a técnica mais adequada para manter um menor desvio e um maior comprimento deve ser a inserção de pelo menos três bits significativos.

Assim, a mensagem, que é o resultado de dois níveis de encriptação realizados antes, é incorporada nos bits inferiores, ou seja, nos 3 bits inferiores de vermelho, verde e 2 bits de azul, que completam 8 bits que constituem 1 byte da mensagem. Aqui, os pixéis são selecionados por uma determinada ordem, em vez de serem selecionados numa ordem contínua, para incorporar os dados, de modo a que a imagem stego não apresente grandes variações em relação à imagem original. O objetivo deste nível é garantir que a encriptação não levante suspeitas a terceiros de que a mensagem está a ser camuflada. Os pixéis escolhidos aqui são múltiplos de 3, como (3,3), (3,6), etc. Desta forma, a mensagem que é encriptada é incorporada nos bits inferiores dos pixels selecionados, o que resulta na imagem stego. Isto completa o processo no lado do transmissor. Esta imagem é transmitida através de algumas ligações de comunicação fiéis à outra parte que pretende receber a mensagem.

No recetor, as pessoas terão a imagem stego e estão bem cientes do processo efectuado no transmissor. A imagem stego transmitida consistirá na mensagem incorporada, juntamente com os valores iniciais dos registos de deslocamento de retorno e o comprimento total da mensagem original. Agora, as pessoas na extremidade recetora terão os dados e os valores iniciais dos registos de deslocamento. Estes valores terão de ser extraídos dos pixels selecionados aleatoriamente nos quais estão armazenados e essa informação só será conhecida pelo recetor de confiança, não por todos os outros. Uma vez conhecida a localização dos pixels onde a informação está armazenada, será possível extrair a informação a partir deles. Conhecerão a sequência da informação, ou seja, a ordem da informação armazenada: comprimento, valores iniciais e os dados encriptados. Com a ajuda dos valores iniciais dos registos de deslocamento, pode obter-se a sequência PN gerada aleatoriamente, que é a chave da norma de encriptação DES. Esta chave será capaz de remover o primeiro nível de encriptação das duas camadas de encriptação. Sendo esta chave a mesma tanto para a cifragem como para a decifragem, pode ser gerada a partir dos valores iniciais dos registos de deslocamento, uma vez conhecido o circuito dos mesmos. A partir desta chave, o conjunto de 16 chaves diferentes pode ser gerado através de operações de deslocação circular.

Uma vez geradas as chaves, a mensagem encriptada que é extraída da imagem é dividida em blocos. Cada bloco é constituído por 64 bits (ou seja, 8 bytes) dos dados encriptados. Agora, cada bloco de dados é desencriptado utilizando as chaves definidas, passando por 16 iterações de acordo com o algoritmo. Se a mensagem tiver mais de 8 bytes, segue-se o mesmo procedimento de desencriptação para cada bloco e, por fim, a saída de cada bloco é concatenada e obtém-se a mensagem desencriptada do primeiro nível de encriptação.

Nesta fase, a mensagem tem outro nível de desencriptação. Para a desencriptar, é necessária a chave privada que, mais uma vez, só estará com o recetor legal, uma vez que encriptamos os dados no transmissor com a chave pública do recetor legal. Quando o primeiro nível de encriptação é removido, a mensagem é considerada e, com a ajuda da chave privada, a mensagem é completamente desencriptada. Esta desencriptação é feita da mesma forma que a encriptação, mas com a chave privada. A operação consiste em passos matemáticos complexos que devem ser seguidos. O resultado é a mensagem original livre de todos os níveis de encriptação.

Este é o processo que tem lugar no transmissor e no recetor. Neste caso, o objetivo é garantir dois pontos: 1. a segurança dos dados; 2. a segurança de uma mensagem contra um ataque de terceiros. Ambos os aspectos são tidos em conta. O aspeto da segurança dos dados é assegurado pelos dois níveis de cifragem e o outro aspeto é assegurado pela sua incorporação numa imagem. As variações observadas na imagem stego em relação à imagem original são fracas e a probabilidade de estas alterações levantarem suspeitas sobre a presença de uma mensagem oculta na imagem é negligenciável. Isto garante a transmissão segura da informação sem quaisquer manipulações ou distorções.

5.1 Introdução ao MATLAB

Milhões de engenheiros e cientistas em todo o mundo utilizam o MATLAB para analisar e conceber os sistemas e produtos que estão a transformar o nosso mundo. O MATLAB está presente em sistemas de segurança ativa para automóveis, naves espaciais interplanetárias, dispositivos de monitorização da saúde, redes eléctricas inteligentes e redes celulares LTE.

É utilizado para aprendizagem automática, processamento de sinais, processamento de imagens, visão por computador, comunicações, finanças computacionais, conceção de controlo, robótica e muito mais. A plataforma MATLAB está optimizada para resolver problemas científicos e de engenharia.

A linguagem MATLAB, baseada em matrizes, é a forma mais natural de expressar a matemática computacional. Os gráficos incorporados facilitam a visualização e a obtenção de informações a partir dos dados. Uma vasta biblioteca de caixas de ferramentas pré-construídas permite-lhe começar imediatamente com algoritmos essenciais para o seu domínio. O ambiente de trabalho convida à experimentação, exploração e descoberta. Estas ferramentas e capacidades do MATLAB são todas rigorosamente testadas e concebidas para funcionarem em conjunto. O MATLAB ajuda-o a levar as suas ideias para além do ambiente de trabalho. Pode executar as suas análises em conjuntos de dados maiores e escalar para clusters e nuvens. O código MATLAB pode ser integrado com outras linguagens, permitindo-lhe implementar algoritmos e aplicações na Web, na empresa e em sistemas de produção.

O MATLAB fornece um ambiente de trabalho ajustado para engenharia iterativa e fluxos de trabalho científicos. As ferramentas integradas suportam a exploração simultânea de dados e programas, permitindo-lhe avaliar mais ideias em menos tempo.

- Pode pré-visualizar, selecionar e pré-processar interactivamente os dados que pretende importar.
- Um vasto conjunto de funções matemáticas incorporadas apoia a sua análise científica e de engenharia.
- As funções de plotagem 2D e 3D permitem-lhe visualizar e compreender os seus dados e comunicar resultados.
- As aplicações MATLAB permitem-lhe executar tarefas comuns de engenharia sem ter de programar. Visualize como diferentes algoritmos funcionam com os seus dados e itere até obter os resultados pretendidos.
- As ferramentas integradas de edição e depuração permitem-lhe explorar rapidamente várias opções, aperfeiçoar a sua análise e iterar até obter uma solução óptima.
- Pode captar o seu trabalho como narrativas partilháveis e interactivas.

Cleve Moler, o presidente do departamento de informática da Universidade do Novo México, começou a desenvolver o MATLAB no final da década de 1970. Concebeu-o para dar aos seus alunos acesso ao LINPACK e ao EISPACK sem que tivessem de aprender Fortran. Rapidamente se espalhou por outras universidades e encontrou um público forte na comunidade da matemática aplicada. Jack Little, um engenheiro, teve conhecimento do programa durante uma visita que Moler fez à Universidade de Stanford em 1983. Reconhecendo o seu potencial comercial, juntou-se a Moler e Steve Bangert.

Reescreveram o MATLAB em C e fundaram a MathWorks em 1984 para continuar o seu desenvolvimento. Estas bibliotecas reescritas eram conhecidas como JACKPAC. Em 2000, o MATLAB foi reescrito para utilizar um conjunto mais recente de bibliotecas para manipulação de matrizes, LAP ACK. O MATLAB foi inicialmente adotado por investigadores e profissionais da engenharia de controlo, a especialidade de Little, mas rapidamente se estendeu a muitos outros domínios. Atualmente, é também utilizado na educação, em particular no ensino da álgebra linear e da análise numérica, e é popular entre os cientistas envolvidos no processamento de imagens. A versão do MATLAB utilizada é a 7.8.0.347, que é a versão R2009a.

5.2 Trabalho

No diagrama de blocos acima, a mensagem secreta é recolhida num formato de texto. A mensagem é recolhida num ficheiro .txt. Utilizando a encriptação RSA, o texto é encriptado e depois enviado para a encriptação DES. A chave secreta utilizada é gerada utilizando a sequência PN. Neste caso, utilizamos os registos de deslocamento de realimentação linear para gerar a sequência PN de 64 bits. Agora este texto encriptado RSA é encriptado utilizando o texto encriptado DES. A imagem utilizada como imagem de cobertura pode ser BMP, PNG, TIFF, HDF, PPM, RAS. A técnica de inserção de bits inferiores é utilizada para armazenar os dados na imagem. Os pixels são selecionados de forma a não estarem em sequência. Assim, os pixels selecionados são múltiplos integrais de 3. Agora, os dados são armazenados com o primeiro byte com o comprimento de mais um do que o texto encriptado DES. Os valores iniciais dos registos de deslocamento são bits de 1 ou 0. Há um total de 5 bits. Estes bits são adicionados a 100000 e depois convertidos em formato decimal. Este número é armazenado como o segundo byte da imagem. O texto encriptado por DES é armazenado nos pixels seguintes, tendo cada pixel um byte de dados. Agora, os parâmetros de medição da qualidade MSE e PSNR são calculados para a imagem de cobertura e para a imagem stego.

Após a transmissão da imagem, o recetor retira agora o tamanho do texto do primeiro byte e o valor inicial codificado do segundo byte. Para os restantes bytes, é efectuada a descodificação DES e, em seguida, a descodificação RSA. Obtém-se assim a mensagem secreta.

Quando se introduzem os valores de p e q, verifica-se em primeiro lugar se ambos os valores são iguais ou não. Se forem iguais, é apresentada uma mensagem de erro para introduzir números diferentes. Se algum dos números for 2, é apresentada uma mensagem de erro para introduzir um número diferente de 2. Se algum dos números não for primo, é apresentada uma mensagem de erro para introduzir um número primo. Assim, a condição para p e q é que sejam números primos diferentes de 2. Quando n é inferior a 128, é apresentada uma mensagem de erro, em que n é o produto de p e q, para aumentar o valor dos números primos. Quando n é superior a 255, é apresentada uma mensagem de erro para diminuir o valor dos números primos. A condição para n é que este se situe entre 128 e 255. Porque os valores ASCII que podem ser utilizados no ficheiro .txt são até 127. E sempre que se utiliza um número superior a 255, a resultante pode ser superior a 8 bits, pois estamos a utilizar 8 bits por carácter durante a transmissão para a encriptação DES. Agora, é preciso encontrar g, que é o produto dos números um a menos que p e q. Para encontrar e tal que e e g sejam co-primos. Para isso, o valor de e é aumentado de 2 até que o maior divisor comum de g e e seja 1. Encontrar d tal que (e*d)mod g=l. Sabemos que e e d são números inteiros. Assim, supondo que k é e*d e encontrando k como (g*i)+1, o resto é 1 e i é um número inteiro que varia de 1 a infinito. Agora, é necessário determinar o resto de k e e, que deve ser zero, ou incrementar i até obtermos zero como resto e, em seguida, determinar a divisão de k por e. Assim, agora são apresentadas a chave pública (e,n) e a chave privada (d,n).

Ler agora a mensagem que foi armazenada no ficheiro message.txt e ler também a imagem de cobertura que é um ficheiro image.bmp. Efetuar agora a encriptação RSA. A chave pública é introduzida durante o tempo de execução e, em seguida, cada carácter ou byte é encriptado com a chave pública, utilizando as propriedades aritméticas do módulo e encontrando o resto.

As propriedades aritméticas do módulo são

> (A+B)mod C = (A mod C + B mod C) mod C

> (A.B) mod C = ((A mod C).(B mod C)) mod C

Assim, ao determinar o resto, a variável "e", que é o expoente, é convertida na forma binária de 16 bits. Este expoente é sempre um número ímpar. Como é um número ímpar, o bit LSB será sempre 1. Assim, efectua-se diretamente uma operação e só depois se verificam os restantes bits. Se o bit for zero, o número é elevado ao quadrado e o resto é encontrado diretamente. Se o bit for um, o número elevado ao quadrado é novamente multiplicado pelo resultado e o resto é encontrado. Este processo continua até ao fim dos 16 bits. Assim, o resultado final é o resto e o valor encriptado RS A.

Agora este texto encriptado RSA é encriptado utilizando a encriptação DES. Os bits iniciais do registo de deslocamento são introduzidos durante o tempo de execução, que é posteriormente utilizado para gerar a chave de 64 bits para a cifragem DES utilizando a sequência PN. A sequência PN é gerada utilizando registos de deslocamento com realimentação linear. Este valor de 5 bits é adicionado a 10000 e depois convertido para a forma decimal. Este número é armazenado como o primeiro byte do texto encriptado DES. DES é a cifra de 64 blocos. Assim, o texto encriptado RSA é dividido num bloco de 8 bytes cada. E são acrescentados zeros, se necessário. É gerada a sequência PN de 64 bits e são retirados 8 bits de forma aleatória. Em seguida, são gerados 16 conjuntos diferentes de chaves de tamanho 32 bits a partir da chave de 56 bits. Com este valor inicial, é gerada a sequência PN de 64 bits. Os 8 bits selecionados são escolhidos de modo a que as suas posições sejam múltiplos integrais de 8, ou seja, 8, 16, 24, 32, 40, 48, 56, 64. Estes 8 bits são removidos para transformar a chave de 64 bits numa chave de 56 bits.

Esta chave de 56 bits é dividida em duas metades cl, dl cada uma de 28 bits, kl de 32 bits é gerada de forma a remover 12 bits cada uma de cl e dl, de modo a que cada uma tenha um tamanho de 16 bits. Em 28 bits para remover 12 bits, 3 bits podem ser removidos nos primeiros 7 bits e logo. As posições dos bits que dão resto 0, 1, 3 quando divididos por 7 são removidas, isto é, 1, 3, 7, 8, 10, 14, 15, 17, 21, 22,

24, 28. Estes bits são retirados de cl. Em dl, as posições dos bits que dão o resto 2, 4, 5 quando dividido por 7 são removidas, ou seja, 2, 4, 5, 9, 11, 12, 16, 18, 19, 23, 25, 26. Agora, tanto cl como dl têm 16 bits cada um e, juntando-os, obtemos 32 bits. Assim, kl é agora de 32 bits. c2 e d2 são gerados a partir de cl e dl, que têm 28 bits cada um, de tal modo que, deslocando circularmente cl e dl 2 bits, se obtêm c2 e d2, respetivamente. Em seguida, k2 é obtido a partir de c2 e d2, segundo o mesmo procedimento acima referido. Para obter c3 e d3, c2 e d2 são deslocados circularmente em 1 bit. Em seguida, k3 é obtido a partir de c3 e d3 da forma acima explicada. Para obter c4 e d4, c3 e d3 são deslocados circularmente por 2 bits. Posteriormente, obtém-se k4 a partir de c4 e d4 da forma acima explicada. Para obter c5 e d5, c4 e d4 são deslocados circularmente em 2 bits. Em seguida, k5 é obtido a partir de c5 e d5 da maneira acima explicada. Para obter c6 e d6, c5 e d5 são deslocados circularmente por 1 bit. Agora, k6 é
obtidos a partir de c6 e d6 da forma acima explicada. Para obter c7 e d7, c6 e d6 são deslocados circularmente por 1 bit. Posteriormente, k7 é obtido a partir de c7 e d7 de uma forma explicada acima. Para obter c8 e d8, c7 e d7 são deslocados circularmente por 2 bits. Em seguida, k8 é obtido a partir de c8 e d8 de uma forma explicada acima. Para obter c9 e d9, c8 e d8 são deslocados circularmente por 1 bit. Para obter c9 e d9, obtém-se k9 a partir de c9 e d9 da forma acima descrita. Para obter clO e diO, c9 e d9 são deslocados circularmente por 2 bits. Em seguida, klO é obtido a partir de clO e diO da forma acima explicada. Para obter ell e dll, clO e diO são deslocados circularmente em 2 bits. Posteriormente, kll é obtido a partir de ell e dll de uma forma explicada acima. Para obter cl2 e dl2, ell e dll são deslocados circularmente por 1 bit. Depois, kl2 é obtido a partir de cl2 e dl2 da forma explicada acima. Para obter cl3 e dl3, cl2 e dl2 são deslocados circularmente em 2 bits, kl3 é obtido a partir de cl3 e dl3 de uma forma explicada acima. Para obter cl4 e dl4, cl3 e dl3 são deslocados circularmente por 1 bit. De seguida, kl4 é obtido a partir de cl4 e dl4 da forma acima explicada. Para obter cl5 e dl5, cl4 e dl4 são deslocados circularmente por 1 bit. Posteriormente, kl5 é obtido a partir de cl5 e dl5 de uma forma explicada acima. Para obter cl6 e dl6, cl5 e dl5 são deslocados circularmente em 2 bits. Em seguida, obtém-se kl6 a partir de cl6 e dl6 da forma acima explicada. São assim gerados 16 conjuntos diferentes de chaves. Utilizando esta chave em cada fase, efectua-se a cifragem DES e obtém-se o texto cifrado DES.

A fim de conhecer o tamanho do texto armazenado na imagem, este pode ser utilizado para recuperar a informação da imagem. Os pixels são selecionados de modo a que os dados sejam armazenados em colunas e as linhas e colunas são selecionadas de modo a serem múltiplos integrais de 3. O texto encriptado por DES é o restante dado a armazenar.

Em cada pixel existem 24 bits, dos quais 8 bits são vermelhos, 8 bits são verdes e os restantes 8 bits são azuis. Assim, cada cor pode variar entre 0 e 255. Quando os três bits são zeros, a cor é preta. Quando os três são 255, a cor é branca. Quando um é 255 e os restantes 2 são zeros, as cores são vermelho, verde e azul quando cada um é 255, respetivamente.

De cada pixel, são lidas as três cores. Agora o vermelho e o verde são mordidos e com 248 para que os três bits menos significativos sejam mascarados. O azul é mordido e com 252 para que os dois bits menos significativos sejam mascarados. Assim, um total de 8 bits é mascarado para armazenar um byte de dados num pixel. Agora, os 3 bits mais significativos são armazenados na cor vermelha, os três bits seguintes na cor verde e os dois bits restantes na cor azul. O tipo de técnica utilizada é a técnica de inserção de bits inferiores, tal como explicado acima. Agora, os valores alterados são atribuídos aos pixéis. Os parâmetros de medição da qualidade calculados são o MSE e o PSNR. O MSE calcula a média do erro ou do ruído adicionado à imagem. Em seguida, esta imagem é transmitida através de um canal de comunicação ou de linhas de transmissão. Utilizando esta imagem, podem ser obtidos os dados secretos.

No lado do recetor, depois de a imagem ser recebida, o byte inicial é retirado do pixel (3,3), o que dá o tamanho do texto armazenado na imagem. O byte seguinte é retirado do pixel (3,6), que é subtraído por 32 e convertido em formato binário, sendo este valor o valor inicial dos registos de deslocamento.

Com este valor inicial, é gerada a sequência PN de 64 bits. Com esta chave de 64 bits, são geradas 16 chaves diferentes com tamanho de 32 bits. Utilizando estas chaves, é efectuada a desencriptação DES. Agora, a chave privada é introduzida durante o tempo de execução. Esta chave privada só é conhecida pelo destinatário e, por conseguinte, só ele pode desencriptar os dados. Assim, utilizando a chave privada, o texto desencriptado por DES foi desencriptado. Ao encontrar o resto, a variável "expoente" é convertida na forma binária de 16 bits. Este expoente é sempre um número ímpar. Como é um número ímpar, o bit LSB será sempre 1. Assim, efectua-se diretamente uma operação e só depois se verificam os restantes bits. Se o bit for zero, o número é elevado ao quadrado e o resto é encontrado diretamente. Se o bit for um, o número elevado ao quadrado é novamente multiplicado pelo resultado e o resto é encontrado. Este processo continua até ao fim dos 16 bits. Assim, o resultado final é o resto e o valor encriptado RSA. Agora, o texto desencriptado RSA obtido é a mensagem secreta que foi transmitida.

Finalmente, verifica-se se ambas as mensagens são iguais ou não. A mensagem secreta é lida e, em seguida, tanto a mensagem secreta como a mensagem obtida são convertidas nos seus valores ASCII e, em seguida, cada valor é comparado e verificado para verificar se ambas as mensagens são iguais ou não.

CAPÍTULO 6

RESULTADOS

Para encriptar uma mensagem utilizando o algoritmo RS A, é necessário, em primeiro lugar, gerar uma chave pública.

Geração de chaves públicas e privadas:

Devem tomar-se dois números primos tais que o seu produto esteja compreendido entre 127 e 255.

Assim, tomando p como 7 e q como 29, obtemos n =203 e g = 168

Encontrando e tal que gcd(g,e)=l, obtemos e = 5

Se encontrarmos d tal que (e*d)mod g =1, obtemos d= 101

Assim, a chave pública é (5,203) e a chave privada é (101,203).

```
Command Window
Enter a value for p:7
Enter a value for q:29
Public key is (5,203)
Private key is (101,203)
>>
```

Fig 6.1 Geração de chaves públicas e privadas.

Agora a mensagem a ser levada para encriptar é

"Há um espião!

Apanhem-no imediatamente.

Ou vamos perder".

Esta mensagem é armazenada num ficheiro de texto. Agora, a imagem obtida é o logótipo do SNIST, que está no formato BMP e o tamanho da imagem é 262X100.

A esteganografia é executada de forma a que cada pixel armazene um byte de dados e os pixels sejam selecionados de modo a que os pixels selecionados sejam múltiplos integrais de 3. Assim, para a imagem com o tamanho acima indicado, temos 2864 pixels disponíveis para armazenamento, mas o mínimo é selecionado entre 2864 e 248. Como estamos a armazenar o comprimento da mensagem num byte de dados. Assim, agora podemos armazenar 248 bytes de dados.

O comprimento da mensagem que estamos a encriptar é de 58 bytes. Para aplicar os algoritmos de cifragem, precisamos de escrever os valores ASCII da mensagem. A partir da tabela de valores ASCII, escrevendo os valores ASCII obtemos 84 104 101 114 101 32 105 115 32 9732 115 112 121 33 13 10 67 97 116 99 104 32 104 105 109

32 105 109 109 101 100 105 97 116 101 108 121 46 13 10 79 114 32 119 101 32 103 111 110 110 97 32 108 111 115 101 46.

Efetuar agora a encriptação RSA para 84 84^5 mod 203 5=00000101 72 mod 185 =72

84^2 mod 203 = 154 e 84^4 mod 203 = 168

Portanto, 84^5 mod 203 = ($84*84^4$) mod 203 = (84 mod 203 * 84^4 mod 203) mod 203

= (84*168) mod 203 = 105

Do mesmo modo, ao encontrar os valores para todos os 58 valores, obtemos 58 bytes de dados e esses dados são texto encriptado RSA.

O texto encriptado RSA é 105 104 19 200 19 156 189 173 156 153 156 173 49 109 38 6 124 121 153 58 99 104 156 104 189 100 156 189 100 100 19 151 189 153 58 19 89 109 191 6 124 60 200 256 98 19 156 52 181 199 199 153 156 89 181 173 19 191.

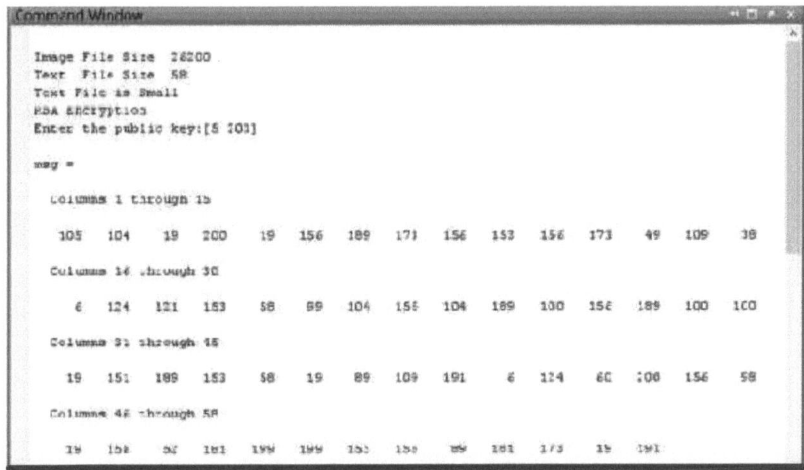

Fig 6.2 Texto encriptado RSA

Agora, este texto encriptado RSA é enviado como entrada para a encriptação DES. Para gerar uma chave de 64 bits, utilizamos os registos de deslocamento abaixo e geramos uma chave de 64 bits com os valores iniciais dos registos de deslocamento [1 10 1 1].

Assim, a sequência PN gerada será

1000111110011010010000101011101100011111001101001000010101110110.

O DES é uma cifra de 64 blocos; por isso, precisamos de dividir a mensagem em blocos de 64 bits ou 8 bytes. Como o texto cifrado RS A não é um múltiplo inteiro de 8, temos de acrescentar 6 zeros para o tornar múltiplo de 8.

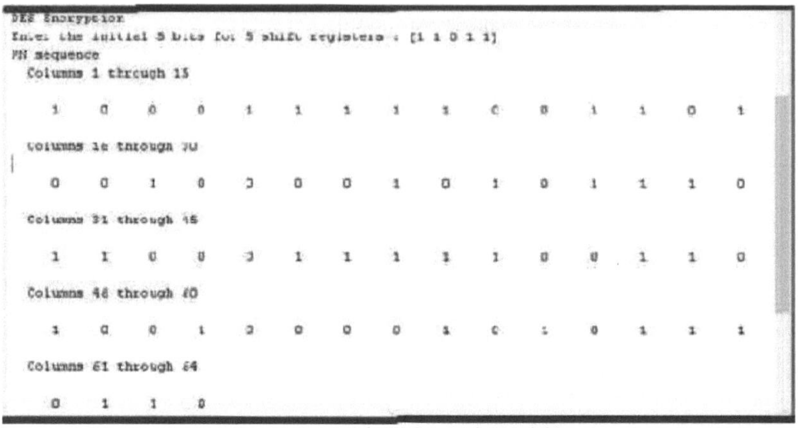

```
DES Encryption
Enter the initial 5 bits for 5 shift registers : [1 1 0 1 1]
PN sequence
  Columns 1 through 15

    1   0   0   0   1   1   1   1   1   0   0   1   1   0   1

  Columns 16 through 30

    0   0   1   0   0   0   0   1   0   1   0   1   1   1   0

  Columns 31 through 45

    1   1   0   0   0   1   1   1   1   1   0   0   1   1   0

  Columns 46 through 60

    1   0   0   1   0   0   0   0   1   0   1   0   1   1   1

  Columns 61 through 64

    0   1   1   0
```

Fig 6.3 Sequência PN obtida

Agora, dividindo a mensagem em blocos de 8 bytes cada, obtemos

105	104	19	200	19	156	189	173
156	153	156	173	49	109	38	6
124	121	153	58	99	104	156	104
189	100	156	189	100	100	19	151
189	153	58	19	89	109	191	6
124	60	200	256	98	19	156	52
181	199	199	153	156	89	181	173
19	191	0	0	0	0	0	0

Gerando agora os 16 conjuntos diferentes de chaves de 32 bits cada e utilizando a encriptação DES, quando encriptados obtemos o texto encriptado DES. Assim, o comprimento do texto cifrado será 64. Convertemos o valor inicial do registo de deslocamento num número e acrescentamos um valor que os terceiros não conhecem, sendo este valor transformado no primeiro byte e o texto cifrado DES continua. Assim, obtemos 65 bytes de texto cifrado DES, sendo 59 230 3 58 177 223 47 113 47 19 242 181 212 253 222 234 132 243 18 176 67 175 219 80 234 50 15 181 196 168 215 223 21 50 242 19 106 149 222 115 132 243 87 225 229 174 160 80 182 58 172 238

224 80 234 121 47 156 212 41 121 204 179 204 130.

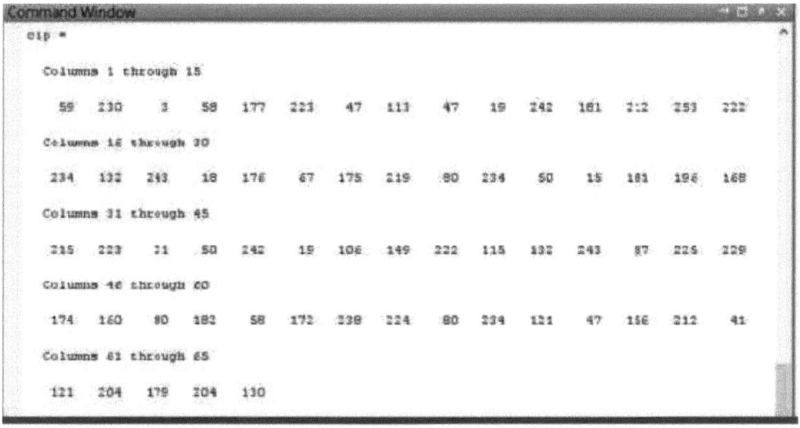

```
cip =

  Columns 1 through 15

   59   230     3    58   177   223    47   113    47    19   242   161   212   253   222

  Columns 16 through 30

  234   132   243    18   176    67   175   219    80   234    50    15   181   196   168

  Columns 31 through 45

  215   223    31    50   242    19   106   149   222   115   132   243    87   225   229

  Columns 46 through 60

  174   160    80   182    58   172   238   224    80   234   121    47   156   212    41

  Columns 61 through 65

  121   204   179   204   130
```

Fig 6.4 Texto encriptado DES

Para armazenar estes 65 bytes de dados numa imagem, seleccionamos o pixel a partir de (3,3) e depois (3,6) e depois até (3,99) e depois (6,3) até o comprimento da mensagem ser armazenado. Ao recuperar os dados da imagem, precisamos de saber onde temos de ir, pelo que armazenamos o comprimento do texto encriptado DES no primeiro byte e continuamos. No exemplo acima, precisamos de armazenar 65 bytes de dados, sendo o byte inicial 65.

Assim, mostra que pixel tem que valor e como está a ser armazenado depois de armazenar um byte de dados.

Row	**Column**	**Pixel value**				**Number to be stored**	**Pixel value after storing the number**			
		Red	**Green**	**Blue**	**Colour**		**Red**	**Green**	**Blue**	**Colour**
3	3	195	201	237	Periwinkle	65	194	200	237	Light blue
3	6	255	255	255	White	59	249	254	255	White
3	9	255	255	255	White	230	255	249	254	White
3	12	255	255	255	White	3	248	248	255	White
3	15	255	255	255	White	58	249	254	254	White
3	18	255	255	255	White	177	253	252	253	White
3	21	255	255	255	White	223	254	255	255	White

3	24	255	255	255	White	47	249	251	255	White
3	27	255	255	255	White	113	251	252	253	White
3	30	255	255	255	White	47	249	251	255	White
3	33	255	255	255	White	19	248	252	255	White
3	36	255	255	255	White	242	255	252	254	White
3	39	255	255	255	White	181	253	253	253	White
3	42	255	255	255	White	212	254	253	252	White
3	45	255	255	255	White	153	255	255	253	White
3	48	255	255	255	White	222	254	255	254	White
3	51	255	255	255	White	234	255	250	254	White
3	54	255	255	255	White	132	252	249	252	White
3	57	255	255	255	White	243	255	252	255	White
3	60	255	255	255	White	18	248	252	254	White
3	63	255	255	255	White	176	253	252	252	White
3	66	0	0	97	Dark blue	67	2	0	99	Dark blue
3	69	255	255	255	White	175	253	251	255	White
3	72	255	255	255	White	219	254	254	255	White
3	75	255	255	255	White	80	250	252	252	White
3	78	255	255	255	White	234	255	250	254	White
3	81	255	255	255	White	50	249	252	254	White
3	84	235	232	255	White	15	232	235	255	White
3	87	196	198	225	Lavender	181	197	197	225	Lavender
3	90	252	252	254	White	196	254	249	252	White
3	93	255	254	250	White	168	253	250	248	White
3	96	255	255	255	White	215	254	253	255	White
3	99	255	255	255	White	223	254	255	255	White
6	3	192	191	238	Periwinkle	21	192	189	237	Periwinkle
6	6	251	250	248	White	50	249	252	250	White
6	9	252	251	251	White	242	255	252	250	White
6	12	251	249	255	White	19	248	252	255	White
6	15	252	251	254	White	106	251	250	254	White
6	18	253	253	254	White	149	252	253	253	White

6	21	255	254	254	White	222	254	255	254	White
6	24	252	251	254	White	115	251	252	255	White
6	27	252	251	255	White	132	252	249	252	White
6	30	252	250	253	White	243	255	252	255	White
6	33	252	250	253	White	87	250	253	255	White
6	36	252	250	253	White	225	255	248	253	White
6	39	252	250	253	White	229	255	249	253	White
6	42	252	251	254	White	174	253	251	254	White
6	45	252	251	254	White	160	253	248	252	White
6	48	252	251	254	White	80	250	252	252	White
6	51	252	251	254	White	182	253	253	254	White
6	54	252	251	254	White	58	249	254	254	White
6	57	252	251	253	White	172	253	251	252	White
6	60	252	253	254	White	238	255	251	254	White
6	63	255	254	250	White	224	255	248	248	White
6	66	0	0	98	Dark blue	80	2	4	96	Dark blue
6	69	255	254	255	White	234	255	250	254	White
6	72	135	134	135	50% Gray	121	131	134	133	50% Gray
6	75	255	254	255	White	47	249	251	255	White
6	78	88	87	89	80% Gray	156	92	87	88	80% Gray
6	81	255	255	249	White	212	254	253	248	White
6	84	228	228	253	White	41	225	226	253	Light blue
6	87	195	196	225	Lavender	121	195	198	225	Periwinkle
6	90	252	252	254	White	204	254	251	252	White
6	93	255	255	247	White	179	253	252	247	White
6	96	255	255	255	White	204	254	251	252	White
6	99	255	255	255	White	130	252	248	254	White

Tabela 6.1: A alteração do valor do pixel depois de um número ser armazenado

Nas cores acima mencionadas, quase todas as cores são brancas. A pervinca e a lavanda são azuis mais claros. Assim, a mudança de Pervinca para Lavanda ou Azul claro ou vice-versa é indiferente. Um determinado pixel de cor branca foi alterado para azul claro devido a uma ligeira variação nas cores vermelha e verde.

Para determinar MSE e PSNR

O MSE é a média do quadrado das diferenças. Por conseguinte,

$(195\text{-}194)^2 + (201\text{-}200)^2 + (237\text{-}237)^2 = 2$

$(255\text{-}249)^2 + (255\text{-}254)^2 + (255\text{-}255)^2 = 37$

$(255\text{-}255)^2 + (255\text{-}249)^2 + (255\text{-}254)^2 = 37$

Do mesmo modo, encontrando os valores restantes e calculando a soma, obtemos a soma 1320

Para determinar o MSE, é necessário dividi-lo pelo tamanho da imagem.

O tamanho da imagem é 262 X 100 = 26200, como cada pixel tem 3 cores, dividimo-lo por 3.

Assim, obtemos MSE = 0,0167939 ~ 0,0168

Para encontrar o PSNR, dividimos o quadrado da intensidade máxima pelo MSE e, em seguida, aplicamos logaritmos. A intensidade máxima é 255. Assim, obtemos PSNR como 65,8793 dB.

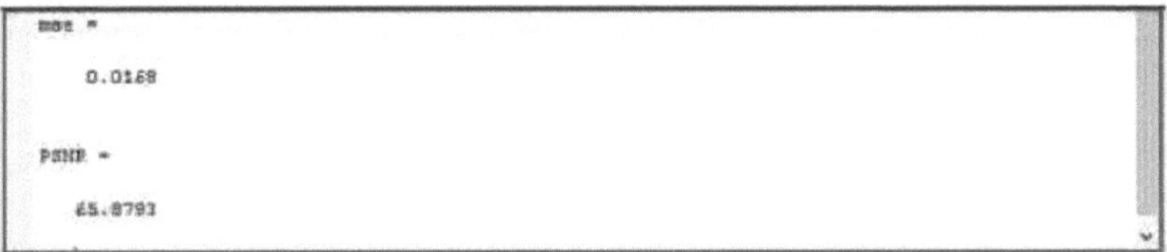

Fig 6.5 Valores de MSE e PSNR

Assim, obtém-se o MSE e o PSNR.

Fig 6.6 Imagem de cobertura

Fig 6.7 Imagem Stego

Para a descodificação, a imagem é inicialmente lida e, a partir do valor do pixel (3,3), que é (194,200,237), obtemos o número 65. Assim, precisamos de obter os valores dos 65 bytes de dados seguintes. Começando por (3,6) a (3,99) e (6,3) a (6,99). Do valor do pixel (3,6) obtemos 59, o que indica o valor inicial dos registos de deslocamento e, por conseguinte, o valor inicial dos registos de deslocamento é [1 10 1 1]. Os restantes valores obtidos da imagem são 230 3 58 177 223 47 113 47 19 242 181 212 253 222 234 132 243 18 176 67 175 219 80 234 50 15 181 196 168 215 223 21 50 242 19 106 149 222 115 132 243 87 225 229 174 160 80 182 58 172 238 224 80 234 121 47 156 212 41 121 204 179 204 130

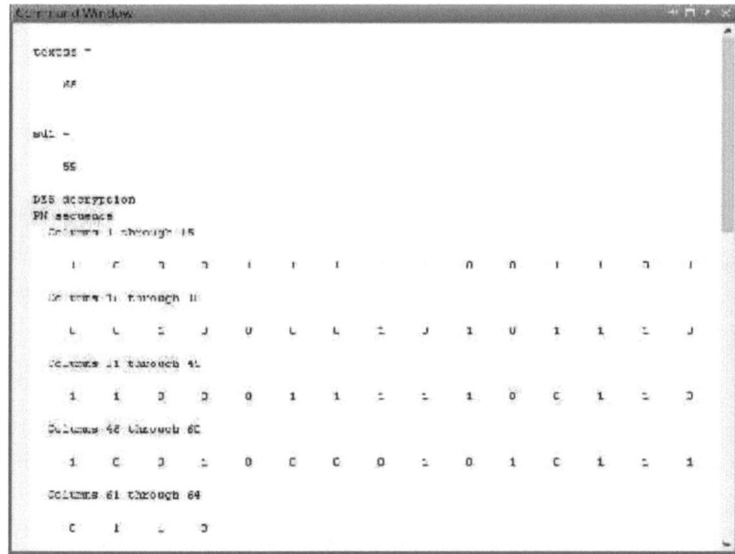

Fig 6.8Tamanho do texto e sequência PN

Utilizando esta sequência PN é gerada e a desencriptação DES é aplicada com os 16 conjuntos de chaves diferentes gerados. O valor desencriptado DES obtido é 105 104 19 200 19 156 189 173 156 153

156 173 49 109 38 6 124 121 153 58 99 104 156 104 189 100 156 189 100 100 19 151 189 153 58 19 89 109 191 6 124 60 200 256 98 19 156 52 181 199 199 153 156 89 181 173 19 191

Agora, ao aplicar a descodificação RSA, utilizamos a chave privada. Aqui a chave privada é (101,203).

Assim, aplicando a descodificação RSA para 105 105^{101} mod203 101=01100101

Podemos escrever 105 mod 203 =105

105^2 mod 203 = 63, 105^4 mod 203 = 112, 105^8 mod 203 = 161, 105^{16} mod 203 =140, 105^{32} mod203 = 112, 105^{64} mod203 = 161

Por conseguinte, 105^{101} mod 203 = (42*42 *42 *42^{43264}) mod 203

= (105*112*112*161)mod 203 = 84

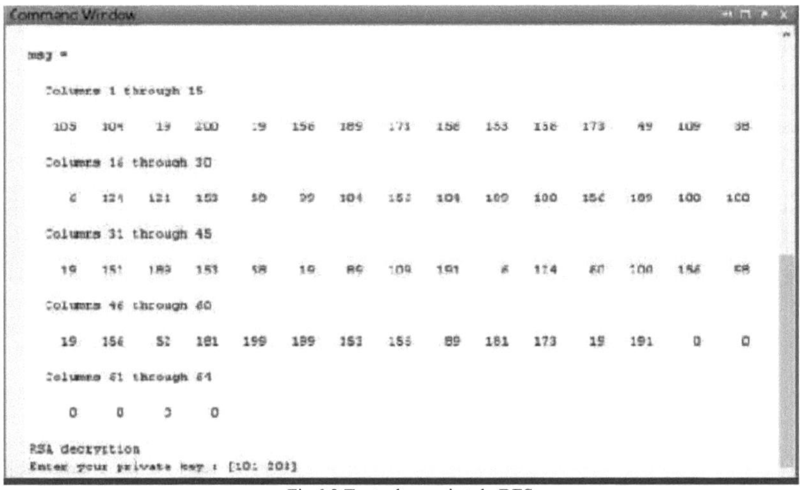

Fig 6.9 Texto desencriptado DES

Do mesmo modo, para os restantes 64 bytes, obtemos o texto desencriptado RSA como 84 104 101 114 101 32 105 115 32 9732 115 112 121 33 13 10 67 97 116 99 104 32 104 105 109 32 105 109 109 101 100 105 97 116 101 108 121 46 13 10 79 114 32 119 101 32 103 111 110 110 97 32 108 111 115 101 46 0 0 0 0 0 0 0

```
RSA decryption
Enter your private key : [101 203]

mesin =

  Columns 1 through 15

    84   104   101   114   101    32   105   115    32    97    32   115   112   121    33

  Columns 16 through 30

    13    10    67    97   116    99   104    32   104   105   109    32   105   109   109

  Columns 31 through 45

   101   100   105    97   116   101   108   121    46    13    10    79   114    32   119

  Columns 46 through 60

   101    32   103   111   110   110    97    32   108   111   115   101    46     0     0

  Columns 61 through 64

     0     0     0     0

Both the text files have same text
>>
```

Fig. 6.10 Texto desencriptado RSA

Que, quando convertido de novo em caracteres, obtém-se a mensagem oculta como

"Há um espião!

Apanhem-no imediatamente.

Ou vamos perder".

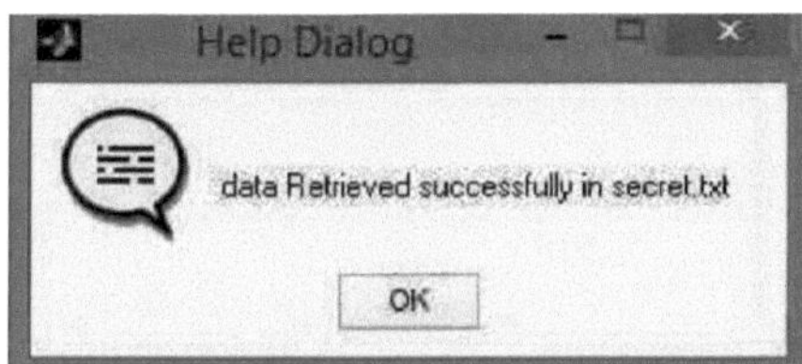

Fig 6.11 Diálogo de ajuda mostrando a recuperação bem sucedida da mensagem

Agora podemos observar que a mensagem secreta de entrada é a mesma que a mensagem desencriptada.

A mensagem que se pretende transmitir através do processo acima descrito é:

"Olá!

Bom dia".

Para a mensagem acima, os valores ASCII são 72, 105, 33, 13, 10, 71, 111, 111, 100, 32, 77, 111, 144, 110, 105, 110, 103, 46. O comprimento da mensagem é de 18 bytes. Agora, para aplicar a encriptação RSA, a chave pública é (3,145). O comprimento do texto encriptado RSA será de 18 bytes. O comprimento do texto em DES é múltiplo de 8. Para o resultado obtido, aplica-se a encriptação DES tomando o valor inicial dos registos de deslocamento como [1 1 0 0 0]. Como são acrescentados zeros ao texto encriptado RSA, o comprimento será de 24 bytes, acrescentando 6 zeros. O valor inicial dos registos de deslocamento, que também está armazenado na mensagem, é adicionado ao texto cifrado DES como 56. Agora que o comprimento é de 25 bytes, 25 é armazenado antes do valor acima. Agora, todos estes 26 bytes de dados são armazenados na imagem. O tamanho da imagem é considerado aproximadamente como 61200. Assim, existem 61200 pixéis disponíveis. Mas na metodologia acima descrita, a mensagem é armazenada em pixels com múltiplos integrais de 3. Utilizando a metodologia acima descrita, o PSNR e o MSE são calculados para várias imagens de diferentes universidades e colégios. Do mesmo modo, para desencriptar, a chave privada a utilizar é [75,145]. Utilizando esta chave, ambos os ficheiros de texto têm a mesma mensagem. Por conseguinte, diz-se que a mensagem foi transmitida com êxito.

IMAGE	Mean Square Error	Peak Signal to Noise ratio
	0.0040	72.1703
	0.0046	71.5277
	0.0042	71.9305
	0.0046	71.5193
	0.0028	73.6893
	0.0046	71.5300

	0.0028	73.6638
	0.0046	71.5287
	0.0046	71.5247
	0.0024	74.4426
	0.0046	71.5287

Tabela 6.2: Valores de MSE e PSNR para mensagens mais pequenas

Outra mensagem que se pretende transmitir através deste processo é a seguinte

"A pessoa que procuram não é o assassino!

Há um espião no departamento.

O relatório da autópsia e as análises ao sangue foram manipulados.

Além disso, foram enviados os pormenores relativos à rusga".

Para a mensagem acima, os valores ASCII são 84, 104, 101, 32, 112, 101, 114, 115, 111, 110, 32, 121, 111, 117, 32, 97, 114, 101, 32, 108, 111, 111, 107, 105, 110, 103, 32, 102, 111, 114, 32, 105, 115, 32, 110, 111, 116, 32, 116, 104, 101, 32, 109, 117, 114, 100, 101, 114, 101, 114, 33, 13. 10, 84, 104, 101, 114, 101, 32, 105, 115, 32, 97, 32, 115, 121, 32, 105, 110, 32, 116, 104, 101, 32, 100, 101, 112, 97, 114, 116, 109, 101, 110, 116,46, 13, 10, 84, 104, 101, 32, 97, 117, 116, 111, 112, 115, 121, 32, 114, 101, 112, 111, 114, 116, 32, 97, 110, 100, 32, 98, 108, 111,111, 100, 32, 114, 101, 112, 111, 114, 116, 115,

32, 104, 97, 115, 32, 98, 101, 101, 110, 32, 97, 110, 105, 112, 117, 108, 97, 116, 101, 100, 46, 13, 10, 65, 108, 115, 111, 32, 116, 104, 101, 32, 100, 101, 116, 97, 105, 108, 115, 32, 114, 101, 103, 97, 114, 100, 105, 110, 103, 32, 116, 104, 101, 32, 114, 97, 105, 100, 32, 104, 97, 115, 32, 98, 101, 101, 110, 32, 115, 101, 110, 116, 46 . O comprimento da mensagem é de 198 bytes. Para uma melhor compreensão do documento, o comprimento da mensagem é aumentado e o tamanho da imagem é reduzido. Agora, para aplicar a encriptação RSA, a chave pública é (3,253). O comprimento do texto encriptado RSA será igual a 198 bytes. O comprimento do texto em DES é múltiplo de 8. Para o resultado obtido, aplica-se a encriptação DES com o valor inicial dos registos de deslocamento a ser alterado para [1 0 0 1 1]. Como são acrescentados zeros ao texto encriptado RSA, o comprimento será de 200 bytes, acrescentando 2 zeros. O valor inicial dos registos de deslocamento, que também está armazenado na mensagem, é acrescentado antes do texto cifrado DES como 51. Agora que o comprimento é de 201 bytes, 201 é armazenado antes do valor acima. Agora, todos estes 202 bytes de dados são armazenados na imagem. O tamanho da imagem é aproximadamente 26100. Assim, existem 26100 pixéis disponíveis. Mas na metodologia acima descrita, a mensagem é armazenada em pixels com múltiplos integrais de 3. Utilizando a metodologia acima descrita, o PSNR e o MSE são calculados para várias imagens de diferentes universidades e colégios. Do mesmo modo, para desencriptar, a chave privada a utilizar é [147,253]. Utilizando esta chave, ambos os ficheiros de texto têm a mesma mensagem. Por conseguinte, diz-se que a mensagem foi transmitida com êxito.

IMAGE	Mean Square Error	Peak Signal to Noise ratio
SNIST Sreenidhi Institute of Science and Technology	0.0699	59.7186
	0.0928	58.4891
	0.0882	58.7080

	0.0916	58.5455
	0.0576	60.5615
	0.0849	58.8760
	0.0594	60.4255
	0.0805	59.1081
	0.0909	58.5760

	0.0531	60.9158
	0.0764	59.3360

Tabela 6.3: Valores de MSE e PSNR para mensagens maiores

CAPÍTULO 7

CONCLUSÃO

7.1 Conclusão

Com a expansão das indústrias, a digitalização das aldeias e cidades, a expansão das empresas, etc., a comunicação entre elas é uma necessidade básica para a sobrevivência, uma vez que, sem troca de informações, não haverá negócio, o que conduzirá ao desastre. Quando a informação é trocada entre duas partes legais, a informação pode ser sobre os negócios ou alguns dados cruciais do negócio, estes dados terão uma ameaça potencial quando são trocados através de qualquer tipo de ligação de comunicação. O objetivo deste projeto é impedir que os dados caiam em armadilhas de acções ilegais. Para garantir a segurança dos dados em relação a terceiros que os leiam, estes são encriptados em dois níveis. Dois níveis de encriptação garantem a obscuridade dos dados e asseguram que os dados não fazem qualquer sentido para as partes ilegais que os tentam descodificar. As duas técnicas utilizadas para a encriptação são o RS A e o DES. O algoritmo RS A é único devido ao seu conceito, ou seja, utiliza "chave assimétrica", o conceito de chaves diferentes para utilizadores diferentes torna-o robusto e difícil de decifrar. A encriptação seguinte é a norma DES, em que a mesma chave é utilizada em ambas as extremidades. Para a tornar mais forte, é utilizada a sequência PN como chave, cuja aleatoriedade torna difícil a sua adivinhação. Estas medidas são adoptadas para ocultar os dados.

A utilização de técnicas de cifragem dupla garante a segurança dos seus dados, de modo a que terceiros não possam ler o conteúdo do texto sem o decifrarem, sendo necessário que os terceiros conheçam o valor da chave de 64 bits, o que significa que têm de conhecer as ligações dos circuitos dos registos de deslocamento de retorno e o valor inicial dos registos de deslocamento. No RSA, a chave privada é necessária para decifrar os dados; com o algoritmo atual, são necessárias cerca de 56 a 72 horas para encontrar a chave privada a partir da chave pública. Sempre que se utilizam números primos maiores, o tempo necessário para obter a chave privada a partir da chave pública é maior.

As técnicas utilizadas são o RSA e o DES, que são os algoritmos de base, com algumas modificações introduzidas no projeto para armazenar a mensagem numa imagem de uma forma mais adequada, de modo a que o guardião ativo ou o guardião passivo não possam ler a mensagem. O único problema é com o guarda ativo, que pode alterar ou acrescentar erros à imagem antes de a transmitir.

Neste século, com o aumento da taxa de actividades ilegais, é necessário esconder um aspeto da informação que está a ser transmitida. Isto é conseguido através da técnica de esteganografia. Há muitas formas diferentes de esconder os dados com esteganografia e, neste caso, é utilizada a esteganografia de imagens. Esta técnica ajuda a esconder a informação numa imagem, ocultando assim a presença da informação. Para os outros olhos, é apenas uma imagem; não se apercebem da mensagem nela escondida. O grau de isenção da imagem em relação a suspeitas depende da qualidade da codificação utilizada para incorporar os dados na imagem. Certifica-se de que os dados são armazenados numa imagem sem grandes alterações ou variações na imagem. Estas técnicas independentes estão a tornar-se inseguras com o avanço da tecnologia. Por conseguinte, estas técnicas são alteradas ou modernizadas de modo a tornar o texto seguro. Neste projeto, o código é concebido de forma a não levantar qualquer tipo de suspeitas, para que terceiros possam tentar distorcê-lo ou descodificá-lo. O ponto principal é mostrar uma quantidade muito insignificante de variação na imagem, de modo a que seja impercetível, o que torna a transmissão mais segura e a comunicação fiável.

A utilização deste procedimento de encriptação duas vezes e posterior armazenamento numa imagem garante que o texto é transmitido com segurança. Mas esta tecnologia também pode tornar-se insegura com o avanço da tecnologia. No espaço de um século, esta tecnologia tornar-se-á totalmente insegura. Nessa altura, surgirão mais técnicas que tornarão a transmissão mais segura e fiável.

7.2 Âmbito futuro

Este projeto pode ser alargado através da utilização de outros algoritmos. A técnica de encriptação utilizada neste projeto é a RS A, que pode ser desenvolvida utilizando várias chaves públicas em vez de uma única chave pública. As técnicas de compressão de imagem podem ser utilizadas na imagem stego, o que torna possível o envio de uma imagem consideravelmente grande sem problemas de largura de banda. O projeto pode ainda ser implementado através de técnicas esteganográficas duplas. O projeto pode ser tornado robusto, garantindo a mesma credibilidade mesmo em ambientes ruidosos.

CAPÍTULO 8

REFERÊNCIAS

1. T.Morkel, J.H.P Eloff, M.S. Oliver, "An overview of image steganography", Information and Computer security Architecture Research group, Annual Information Security South Africa Conference, julho de 2005.
2. Wang. H, Wang. S, "Cyber warfare: Steganography vs Steganalysis", Communications of ACM, -Volume 47 No. 10, outubro de 2004, pp.76-82.
3. A. Shamir, R.L. Rivest, L.Adleman, "A method for Obtaining Digital Signatures and Public key Cryptosystems", Communications of the ACM (1978), pp. 120-126.
4. Sri Devi, Manajaih.D.H, "Modular Arithmetic in RSA cryptography," International Journal Of Advanced Computer research, Volume4, No. 4, Issue- 17, December-2014, pp-973-978
5. D.Coppersmith, "The Data Encryption Standard(DES) and its strength against attacks", IBM J.RES. Develop. Volume 38 No. 3, maio de 1994, pp.243-250.
6. Sung-Jo Han, Heang-Soo Oh, Jongan Park, "The improved Data Encryption Standard (DES) Algorithm", Departamento de Engenharia Eletrónica, Universidade de Chousan, Coreia do Sul. IEEE 1996 pp.1310-1314
7. Afaq Ahmad, Sayyid Samir Al-Bursaidi, Mufeed Juma Al-Musharafi, " On Properties of PN Sequences generated by LFSR- a Generalised study and Simulation Modelling", Indian Journal of Science and Technology, Volume 6, Issue 10, October 2013, pp.5351-5358.
8. Navneet Kaur,Sunny Behal," A survey on various types of Steganography and Analysis of Hiding Techniques," International Journal of Engineering Trends and Technology, Volume 11, No.8, May 2014, pp.388-392.
9. Arvind Kumar, KM. Pooja, " Steganography- A data Hiding Technique," International Journal of Computer Applications, Volume 9, No.7, novembro de 2010, pp.19-23.
10. Shaveta Mahajan, Arpinder Singh, "A Review of Methods and Approach for Secure Steganography", Indian Journal of Advanced Research in Computer Science and Software Engineering, Volume 2, Issue 10, outubro de 2012, pp.67- 70.
11. Y.Manjula, K.B.Shiva Kumar, "Esteganografia de imagem segura melhorada utilizando algoritmos de encriptação dupla", Conferência Internacional sobre Computação para o Desenvolvimento Global Sustentável, IEEE 2016, pp.705-708.
12. Xinyi Zhou, Wei Gong, Wen Long Fu, Lian Jing Jin, "Um método melhorado para a esteganografia de imagens a cores baseada em LSB combinada com criptografia", Conferência Internacional sobre Informática e Ciência da Informação, IEEE 2016,pp.l-4
13. Kamaldeep Joshi, Pooja Dhankar, Rajkumar Yadav, "Um novo método de esteganografia de imagens no domínio espacial utilizando XOR", Conferência Anual do IEEE na Índia, IEEE

2015,pp.l-6

14. Rupendra kumar Pathak, Shweta Meena, "LSB Based Image Steganography Using PN Sequence & GCD Transform", Conferência Internacional sobre Inteligência Computacional e Investigação Informática, IEEE 2015, pp.1-5.

15. Beenish Mehboob, Rashid Aziz Faruqui, "A Steganography Implementation", Simpósio Internacional sobre Biometria e Tecnologias de Segurança, IEEE 2008,pp.l-5.

16. V.Lokeswara Reddy, Dr.A.Subramanyam, Dr.P.Chenna Reddy, "Implementation of LSB steganography and its evaluation for various file formats", International Journal of Advanced Networking Applications, Volume 2, Issue 5, April 2011, pp.868-872.

17. Sudhanshi Sharma, Umesh Kumar, "Review of Transform Domain Techniques for Image Steganography", International Journal of Science and Research, Volume 4, Issue 5, May 2015, pp. 194-197.

18. Ismail Avcibas, Nasir Memon, Bulent Sankur, "Steganalysis using image quality metrics", IEEE Transactions on Image processing, Volume 12, No. 2, fevereiro de 2003, pp.221-229.

19. M. Preetha, M. Nitya, "A study and performance analysis of RS A Algorithm", International Journal of Computer Science and Mobile Computing, Volume 2, Issue 6, June 2013, pp.126-139

20. Amare Anagaw Ayele, Dr. Vuda Sreenivasa Rao, "A modified RSA Encryption Technique based on Multiple public keys", International Journal of Innovative research in Computer and Communication Engineering, Volume 1, Issue 4, June 2013, pp.859-864.

21. Dr. Shipra Jain, "Analysis of LSB insertion for through digital steganography", International Organization of Scientific Research journal of Electronics and Communication Engineering, National Conference on network Security 2015, pp.143-146.

22. Bhavana.S, K.L.Sudha, "Text Steganography using LSB insertion method along with chaos Theory", International Journal of Computer Science, Engineering and Applications, Volume 2, No. 2, April 2012, pp.145-149.

23. R.Poorinma, RJ.Iswarya, "An overview of Digital Image Steganography", International Journal of Computer science & Engineering survey, Vol-4, No.l, February 2013, pp.23-31.

24. Nentawe Y.Goshwe, "Data Encryption and Decryption using RSA Algorithm in a Network Environment", International Journal of Computer Science and Network Security, Vol-13, No. 7, July 2013, pp.9-13.

25. Ariel M.Sison, Bartolome T. Tanguilig III, Bobby D.Gerardo, Yung Cheol Byun, "An improved Data Encryption Standard to secure Data using Smart cards", Ninth International Conference on Software Engineering Research, Management and Applications, IEEE, August 2011, pp.l 13-118.

26. M.S.Sutaone, M.V.Khandare, "Image Based Steganography Using LSB Insertion Technique", Conferência Internacional do IEEE sobre redes sem fios, móveis e multimédia, abril de 2008, pp.146-151.

27. Gagandeep shahi, Charanhit singh, "Cryptography and its two Implementation Approaches",

International Journal of Innovative Research in Computer and Communication Engineering, Vol-1, Issue 3, May 2013, pp.668-672.

28. Chin-Chen Chang, Min-Hui Lin, Yu-Chen Hu, "A Fast and Secure Image Hiding Scheme Based on LSB Substitution", International Journal of Pattern Recognition and Artificial Intelligence, Vol-16, No.4, June 2002, pp399-416.

29. Ying Wang, Pierre Moulin, "Optimized Feature Extraction for Learning- Based Image Steganalysis", IEEE Transactions on information Forensics and Security, Vol-2, No.l, março de 2007, pp.31-45.

30. Fabein A.P Petitcolas,Ross J. Anderson, Markus G. Kuhn, "Information hiding- A Survey", Proceedings of the IEEE, Volume 87, Issue 7, julho de 1999, pp.l 062-1078.

APPENDIX A

rsakeygen.m

```
%Private and public key generation using RSA algorithm with primary inputs
%p and q
clc;
clear all;
close all;
p=input('Enter a value for p:');
q=input('Enter a value for q:');
%p and q are two different prime numbers other than 2
%Hence error messages when the conditions are not satisfied
if (p==q)
   error(' Enter different prime numbers');
end
if(p==2 || q==2)
   error('Enter any other prime number other than 2');
end
if (~isprime(p) && ~isprime(q))
   error('The numbers entered are not prime');
end
%The product of prime numbers being n
%n value should be between 128 and 255.
n=p*q;
if(n<128)
   error('Enter larger prime numbers');
end
if(n>255)
      error('Enter smaller prime numbers');
end
g=(p-1)*(q-1);
%g and e are co-primes
x=2;e=1;
while x > 1
```

```
    e=e+1;
    x=gcd(g,e);
end
i=1;
r=1;
%to find d such that (e*d)mod g =1
while r > 0
    k=(g*i)+1;
    r=rem(k,e);
    i=i+1;
end
d=k/e;
%To display pubic key and private keys generated
%which should be noted for further use
X=sprintf('Public key is (%d,%d)',e,n);
disp(X);
X=sprintf('Private key is (%d,%d)',d,n);
disp(X);
```

APPENDIX B

steg.m

```
clc;
clear all;
close all;
%reading the message to be stored from text file.
fid = fopen('message.txt');
F = fread(fid);
s = char(F);
fclose(fid);
c=F;
x=length(F);
%Reading the cover image
original=imread('image.bmp');
sz1=size(original);
size1=sz1(1)*sz1(2);
size2=length(F);
new=original;
%Calculating the size of text file that can be stored.
a=floor(sz1(1)/3)*floor(sz1(2)/3);
a=(floor((a-2)/8))*8;
a=min(a,248);
if size2> a
fprintf('\nImage File Size  %d\n',size1);
fprintf('Text  File Size  %d\n',size2);
error('Text File is too Large');
else
fprintf('\nImage File Size  %d\n',size1);
fprintf('Text  File Size  %d\n',size2);
disp('Text File is Small');
end
%performing RSA encryption
disp('RSA Encryption');
```

```
msg=rsa(c);
%Performing DES encryption
disp('DES Encryption');
cip=des(msg);
x=length(cip);
   i=3;
   j=3;
   k=1;
while k<=x+1
if k==1
      a2=x;
else
   a2=cip(k-1);
end
      o1=original(i,j,1);
      o2=original(i,j,2);
      o3=original(i,j,3);
  %reading the pixels and each character of encrypted text along with size
  %of text file
      [r1,r2,r3]=hidetext(o1,o2,o3,a2);
  %assinging the pixels to the new image
      new(i,j,1)=r1;
      new(i,j,2)=r2;
      new(i,j,3)=r3;
%selection of pixel such that there is a gap of 2 pixels between the
  %changed pixels
if(i+3<sz1(1))
            i=i+3;
else
            i=3;
            j=j+3;
end
         k=k+1;
end
```

```
%Writing the stego-image
imwrite(new,'new.bmp','bmp');
%displaying cover image
figure(1);
imshow(original);title('Cover Image');
%displaying stego-image
figure(2);
imshow(new);title('Stego Image');
%mse indicates mean signal error so we are finding error and adding it up
%for i j k so three times and taking the average.
mse = sum(sum(sum((double(new)-double(original)).^2)))/(3*size1)
%peak signal to noise ratio is found with mse
PSNR = 10*log10(255*255/mse)
```

APPENDIX C

desteg.m

```
clc;
close all;
clear all;
%Reading The stego-image
target=imread('new.bmp');
n=size(target);
%finding the text size
i=3;j=3;k=1;
r1=target(i,j,1);
r2=target(i,j,2);
r3=target(i,j,3);
textsz=findtext(r1,r2,r3);
i=i+3;
while k<=textsz
   while k==1
      %finding the initial bit of shift registers
      r1=target(i,j,1);
      r2=target(i,j,2);
      r3=target(i,j,3);
      sd1=findtext(r1,r2,r3);
if(i+3<n(1))
         i=i+3;
else
         i=3;
         j=j+3;
end
         k=k+1;
   end
      %Finding the remaining values from the image
      r1=target(i,j,1);
      r2=target(i,j,2);
```

```
        r3=target(i,j,3);
 R1(k-1)=findtext(r1,r2,r3);
if(i+3<n(1))
          i=i+3;
else
          i=3;
          j=j+3;
end
          k=k+1;
end
%performing DES decryption
msg=dedes(sd1,R1);
%performing RSA decryption
mesin=dersa(msg);
%Reading the message from text to check whether both are same or not
fid = fopen('message.txt');
F = fread(fid);
s = char(F);
fclose(fid);
c=F;
x=length(F);
%storing the text in secret .txt file .
fid = fopen('secret.txt','wb');
fwrite(fid,char(mesin),'char');
fclose(fid);
%Checking for similarity in message
flag=1;
for i=1:x
   dg(i)=isequal(F(i), mesin(i));
   if dg(i)== 0
      flag=0;
   end
end
if flag==1
```

```
    disp('Both the text files have same text');
else
    disp('Both the text files have different values');
end
%helpdlg shows that the complete output is obtained successfully.
helpdlg('data Retrieved successfully in secret.txt');
```

APPENDIX D

rsa.m

```
function cipher = rsa(a)
%Entering the public key
pr=input('Enter the public key:');
x=length(a);
%performing RSA encryption
for i=1:x
    msg(i)= crypt(a(i),pr(2),pr(1));
end
cipher=msg;
end
```

APPENDIX E

des.m

```
function cipher = des( msg)
%taking the initial bits for PN sequence generation
sd1 =input('Enter the initial 5 bits for 5 shift registers : ');
%storing the initial bits as first byte of the encrypted text
cryp(1)=0;
r=1;
s=sd1;
for i=1:5
   a1=s(i)*(2^(5-i));
   cryp(r)=cryp(r)+a1;
end
cryp(r)=cryp(r)+32;
r=r+1;
x=length(msg);
ds=floor(x/8);
% Appending zeros to make the length of message integral multiple of 8
fu=0;
if ds~=(x/8)
   fu=(ds+1)*8-x;
   ds=ds+1;
end
for i=x+1:x+fu
   msg(i)=0;
end
%dividing the message into block of 8 bytes each
msg=reshape(msg,8,ds);
G=64;  % Code length
%Generation of PN sequence
PN=[ ];
for j=1:G
   PN=[PN sd1(5)];
```

```
    if sd1(1)==sd1(4)
        temp1=0;
    else temp1=1;
    end
    sd1(1)=sd1(2);
    sd1(2)=sd1(3);
    sd1(3)=sd1(4);
    sd1(4)=sd1(5);
    sd1(5)=temp1;
end
%making the PN sequence 56 bits from 64 bits
t=1;
for i=1:64
    if mod(i,8)== 0
        i=i+1;
    else
        sd(t)=PN(i);
        t=t+1;
    end
end
%generation of 16 different sets of keys
for i=1:56
    if i<=28;
        c(1,i)=sd(i);
    else
        d(1,i-28)=sd(i);
    end
end
k1(1,:)=pkey(c(1,:),d(1,:));
for i=2:16
    if mod(i,3)==0||mod(i,7)==0
        shi=1;
    else
        shi=2;
```

```
    end
    c(i,:)=crshi(c(i-1,:),shi);
    d(i,:)=crshi(d(i-1,:),shi);
    k1(i,:)=pkey(c(i,:),d(i,:));
end
%performing DES encryption for each block
for abc=1:ds
    A=dec2bin(msg(:,abc),8);
j=1;
for i=1:4
    for k=1:8
    L(j)=A(i+(k-1)*8);
    j=j+1;
    end
end
for i=1:32
    h(1,i)=L(i)-48;
end
j=1;
for i=5:8
    for k=1:8
    R(j)=A(i+(k-1)*8);
    j=j+1;
    end
end
for i=1:32
    g(1,i)=R(i)-48;
end
for i=2:16
    h(i,:)=g(i-1,:);
    b=xor(k1(i,:),g(i-1,:));
    g(i,:)=xor(h(i-1,:),b);
end
num=reshape(g(16,:),8,4);
```

```
num1=reshape(h(16,:),8,4);
 for i=1:4
   cryp(r)=0;
   for j=1:8
      a=num1(j,i)*(2^(8-j));
   cryp(r)=cryp(r)+a;
   end
   r=r+1;
end
for i=1:4
   cryp(r)=0;
   for j=1:8
      a=num(j,i)*(2^(8-j));
   cryp(r)=cryp(r)+a;
   end
   r=r+1;
end
end
cipher=cryp;
end
```

APPENDIX F

hidetext.m

```
function[red,green,blue]=hidetext(redc,greenc,bluec,text)
% to store the text in colours masking 3 least significant bits in red and green
red=bitand(redc,248);
green=bitand(greenc,248);
blue=bitand(bluec,252); %masking 2 least significant bits in blue
%storing the values as per the text file
if bitand(text,128)== 128
red=bitor(red,4);
end
if bitand(text,64)== 64
   red=bitor(red,2);
end
if bitand(text,32)== 32
   red=bitor(red,1);
end
if bitand(text,16)== 16
   green=bitor(green,4);
end
if bitand(text,8)== 8
   green=bitor(green,2);
end
if bitand(text,4)== 4
   green=bitor(green,1);
end
if bitand(text,2)== 2
   blue=bitor(blue,2);
end
if bitand(text,1)== 1
   blue=bitor(blue,1);
end
return
```

APPENDIX G

findtext.m

```
function data = findtext(redc,greenc,bluec)
%finding the text from the colour of pixel
txt=0; %reading from red colour
if bitand(redc,4)== 4
txt=bitor(txt,128);
end
if bitand(redc,2)== 2
txt=bitor(txt,64);
end
if bitand(redc,1)== 1
txt=bitor(txt,32);
end
%reading from green colour
if bitand(greenc,4)== 4
txt=bitor(txt,16);
end
if bitand(greenc,2)== 2
txt=bitor(txt,8);
end
if bitand(greenc,1)== 1
txt=bitor(txt,4);
end
%reading from blue colour
if bitand(bluec,2)== 2
txt=bitor(txt,2);
end
if bitand(bluec,1)== 1
txt=bitor(txt,1);
end
data=txt;
return
```

APPENDIX H

dedes.m

```
function plain = dedes(sd1,R1)
sd1=sd1-32;
sd1=dec2bin(sd1,5)-48;
x=length(R1);
ds=floor(x/8); fu=0;r=1;
if ds~=(x/8)
   fu=(ds+1)*8-x;
   ds=ds+1;
end
for i=x+1:x+fu
   R1(i)=0;
end
%dividing the message into block of 8 bytes each
R1=reshape(R1,8,ds);
G=64;  % Code length
%Generation of PN sequence
PN=[];
for j=1:G
   PN=[PN sd1(5)];
   if sd1(1)==sd1(4)
      temp1=0;
   else temp1=1;
   end
   sd1(1)=sd1(2);
   sd1(2)=sd1(3);
   sd1(3)=sd1(4);
   sd1(4)=sd1(5);
   sd1(5)=temp1;
end
t=1;
%reducing 64 bit to 56 bit
```

```
for i=1:64
    if mod(i,8)== 0
        i=i+1;
    else
        sd(t)=PN(i);
        t=t+1;
    end
end
%Obtaining the 16 different sets of keys
for i=1:56
    if i<=28;
        c(1,i)=sd(i);
    else
        d(1,i-28)=sd(i);
    end
end
k1(1,:)=pkey(c(1,:),d(1,:));
for i=2:16
    if mod(i,3)==0||mod(i,7)==0
        shi=1;
    else
        shi=2;
    end
    c(i,:)=crshi(c(i-1,:),shi);
    d(i,:)=crshi(d(i-1,:),shi);
    k1(i,:)=pkey(c(i,:),d(i,:));
end
r=1;
%performing DES decryption for each block
for abc=1:ds
    B=dec2bin(R1(:,abc),8);
j=1;
for i=1:4
    for k=1:8
```

```
    L(j)=B(i+(k-1)*8);
    j=j+1;
    end
end
for i=1:32
    h1(16,i)=L(i)-48;
end
j=1;
for i=5:8
    for k=1:8
    R(j)=B(i+(k-1)*8);
    j=j+1;
    end
end
for i=1:32
    g1(16,i)=R(i)-48;
end
for i=15:-1:1
    h1(i,:)=g1(i+1,:);
    b=xor(k1(17-i,:),g1(i+1,:));
    g1(i,:)=xor(h1(i+1,:),b);
end
num=reshape(g1(1,:),8,4);
num1=reshape(h1(1,:),8,4);
  for i=1:4
    decryp(r)=0;
    for j=1:8
        a=num1(j,i)*(2^(8-j));
    decryp(r)=decryp(r)+a;
    end
    r=r+1;
end
for i=1:4
    decryp(r)=0;
```

```
    for j=1:8
        a=num(j,i)*(2^(8-j));
    decryp(r)=decryp(r)+a;
    end
    r=r+1;
end
end
plain=decryp;
end
```

APPENDIX I

dersa.m

```
function plain = dersa( cipher )
%Entering the private key
gh =input('Enter your private key : ');
x=length(cipher);
%performing RSA decryption
for j= 1:x
  mesin(j)= crypt(cipher(j),gh(2),gh(1));
end
plain=mesin;
end
```

APPENDIX J

crypt.m

```
function mc = crypt(M,N,d)
%to find the remainder using Modulus functions
a=dec2bin(d,16);
k = 16;
c  = M;
cf = 1;
cf=mod(c*cf,N);
for i=1:15
   c = mod(c*c,N);
   j=k-i;
   if a(j)=='1'
      cf=mod(c*cf,N);
   end
end
mc=cf;
```

APPENDIX K

pkey.m

```
function a = pkey( b,c )
%Generating the key
k=1;
%obtaining 16 bit from 28 bits
for i=1:28
   if mod(i,7)== 0 || mod(i,7) == 3 || mod(i,7) == 1
      i=i+1;
   else
      a(k)=b(i);
      k=k+1;
   end
end
%obtaining 16 bit from another 28 bits
for i=1:28
   if mod(i,7)== 2 || mod(i,7) == 4 || mod(i,7) == 5
      i=i+1;
   else
      a(k)=c(i);
      k=k+1;
   end
end
```

APPENDIX L

crshi.m

```
function c = crshi(a,n)
%shifting the bits circularly
for i=1:28-n
   c(i)=a(n+i);
end
for i=1:n
   c(28-n+i)=a(i);
end
```

Printed by Books on Demand GmbH, Norderstedt / Germany